U0332494

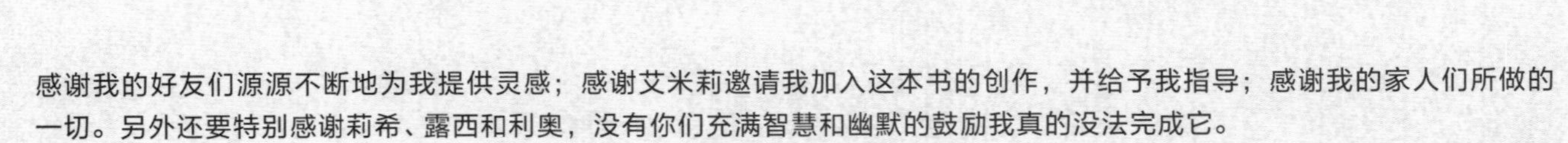

感谢我的好友们源源不断地为我提供灵感；感谢艾米莉邀请我加入这本书的创作，并给予我指导；感谢我的家人们所做的一切。另外还要特别感谢莉希、露西和利奥，没有你们充满智慧和幽默的鼓励我真的没法完成它。

——玛德琳·芬利

我想要感谢米歇尔和艾米莉对本书的支持以及付出的耐心。虽然偶尔也会遇到困难，但我非常高兴有这个机会跟你们合作完成这样一本美丽的书。还要感谢我的家人和朋友给我信心，让我相信我能做成任何事。最后，我亲爱的多米，了不起的狗狗，感谢你一直在我身边，陪我走过这一程。

——崔智秀

图书在版编目（CIP）数据

拯救地球的未来发明 /（英）玛德琳·芬利著；（韩）崔智秀绘；熊远梅译 . -- 福州：海峡书局，2024. 7. -- ISBN 978-7-5567-1260-1

Ⅰ . X171.4；G305

中国国家版本馆 CIP 数据核字第 2024Y6U906 号

著作权合同登记号：图字 :13-2024-030 号

First edition published in 2021 by Flying Eye Books Ltd,
27 Westgate Street E83RL, London.

著　　者：［英］玛德琳·芬利
绘　　者：［韩］崔智秀
译　　者：熊远梅
出 版 人：林前汐
责任编辑：廖飞琴　张　帆
装帧制造：九　土
营销推广：ONEBOOK
出版统筹：吴兴元
特约编辑：杨　崑
版式设计：墨白空间·赵昕玥

拯救地球的未来发明
ZHENGJIU DIQIU DE WEILAI FAMING

出版发行：海峡书局
邮　　编：350004
印　　张：11
图　　幅：80 幅
版　　次：2024 年 7 月第 1 版
书　　号：ISBN 978-7-5567-1260-1
地　　址：福州市白马中路 15 号海峡出版发行集团 2 楼
开　　本：650mm × 1000mm 1/8
字　　数：100 千字
印　　刷：雅迪云印（天津）科技有限公司
印　　次：2024 年 7 月第 1 次印刷
定　　价：96.00 元

读者服务：reader@hinabook.com 188-1142-1266
投稿服务：onebook@hinabook.com 133-6631-2326
直销服务：buy@hinabook.com 133-6657-3072
官方微博：@ 浪花朵朵童书

[英]玛德琳 · 芬利 著 [韩]崔智秀 绘 熊远梅 译

浪花朵朵

拯救地球的未来发明

海峡出版发行集团 | 海峡书局
THE STRAITS PUBLISHING & DISTRIBUTING GROUP

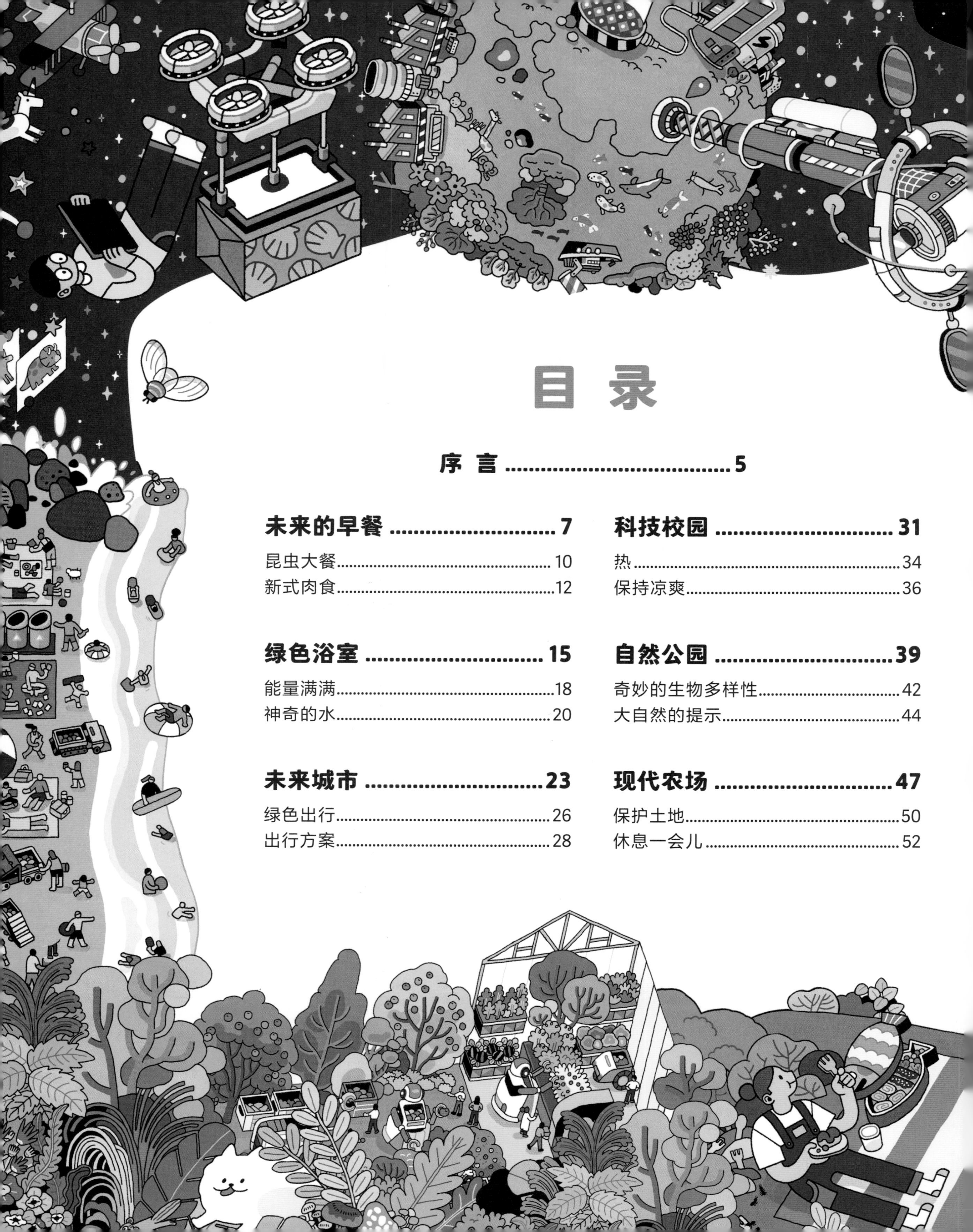

目 录

阅读指南

从餐桌到学校、公园、城市的各个角落，最后再回到家中，这本书的每个章节在这些我们熟悉的场景中呈现了未来世界可能的模样。看看在每章开篇的图画中都有些什么；再翻到后面的文字介绍，去了解那些令人惊叹的科技；接着在之后的页面中深入探索本章涉及的主题。

每一页都有大量信息等你发掘，你可以根据心情，一口气读完整本书或者逐章研究。如果遇到不熟悉的词汇，你可以查阅书后的术语表，正文中所有加粗术语词汇都有解释。

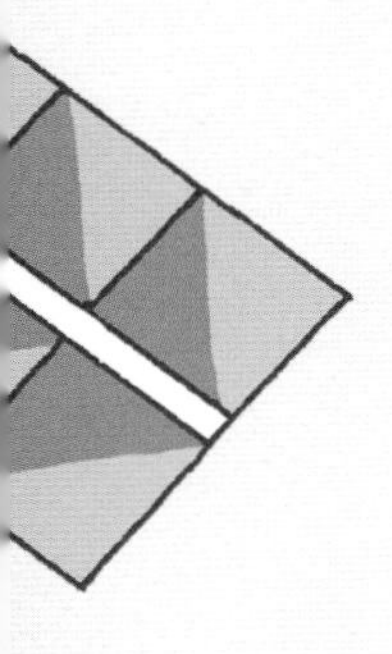

序 言

科学家看起来似乎是一群很严肃的人。他们之中有的人在实验室穿着白大褂，成天捣鼓望远镜、显微镜或装有神秘化学品的烧杯；有的则在沉闷的办公室里，看常人看不懂的数学公式或者敲出复杂的计算机代码。但实际上，许多科学家都在忙着做一些不寻常的实验，创造奇妙的发明。当代科学家正专注应对的挑战之一是气候危机：**全球变暖**正为地球带来一些大麻烦。因此，科学家们正努力探寻充满想象力的新方法，改变我们的生活方式，帮助我们保护环境。

在不久的将来，书里这些关于保护环境的奇思妙想也许会变成我们日常生活的一部分。可能你还会用上一些书里提到的环保小工具！也许在未来，你能将厨余垃圾变成**能量**，能在上学路上踩着人行道发电，还能将废弃塑料做成衣服以保护地球环境！快翻到下一页，看看你几年后的生活可能会变成什么样子，了解一些令人惊叹的，可能让我们的家园、城市以及大自然变得更加美好的技术吧。

① 昆虫大餐
② 宠物食品
③ 厨余垃圾燃料
④ 海藻包装

未来的早餐

无论是海藻包装还是蟑螂奶制品，有许多稀奇古怪的新发明，可以改变我们的日常生活，促进人类可持续发展。这些改变可以从我们一早醒来，进入厨房准备早餐开始……

1. 昆虫大餐

想尝尝蝗虫三明治吗？吃虫子，你大概想想就会起一身鸡皮疙瘩吧！但是实际上全世界有大约 20 亿人已经在享用“昆虫大餐”了。已知的可食用昆虫超过了 1900 种，它们大都含有丰富的蛋白质、铁和钙。

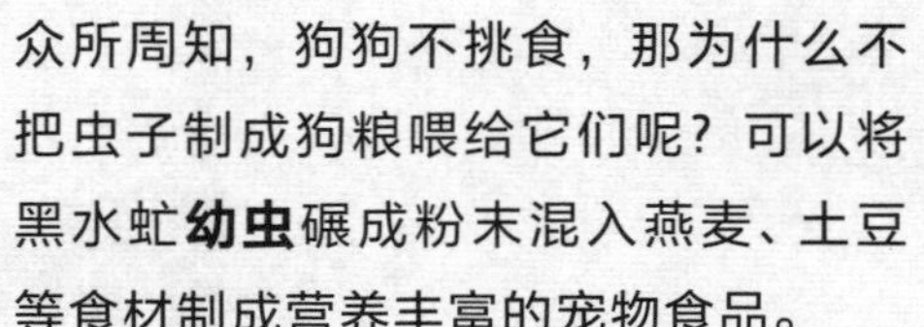
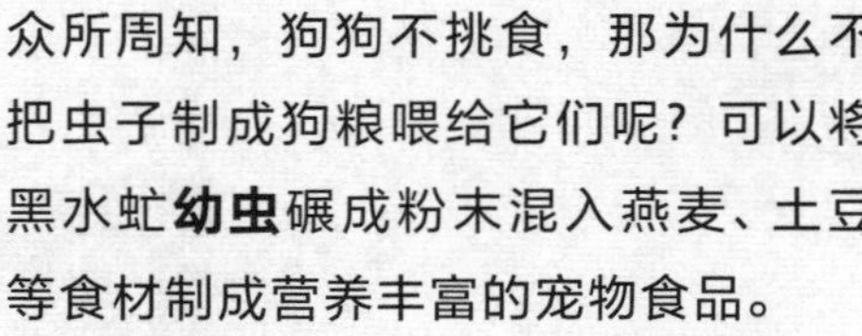

2. 宠物食品

众所周知，狗狗不挑食，那为什么不把虫子制成狗粮喂给它们呢？可以将黑水虻**幼虫**碾成粉末混入燕麦、土豆等食材制成营养丰富的宠物食品。

3. 厨余垃圾燃料

有了**生物降解器**，你可以把厨余垃圾扔进充满**细菌**的罐子里，让这些微生物将厨余垃圾转化为可以用来烹饪菜肴的燃气，经过微生物降解后。剩余的厨余垃圾残渣还能用作肥料。

全球每年产出超过 900 万吨咖啡豆，而全世界的人每天大概会喝掉 22.5 亿杯咖啡！

4. 海藻包装

想象一下，喝完盒装饮料，你可以吃掉包装而不是扔掉它！未来，以海藻为原料制成的包装盒或胶囊可能会出现在你的早餐桌上。海藻包装可以在土壤中自然降解，也能溶于热水，所以即使你不愿意吃掉它，它也比塑料环保得多。

5. 咖啡能源

早上喝一杯咖啡能让你的一天充满活力。将咖啡渣里的油脂提炼、转化为燃料，还能为汽车提供动力！风味不佳的陈旧咖啡豆还能做成取暖用的燃料“咖啡木”，甚至可以用作打印机墨水的原料。

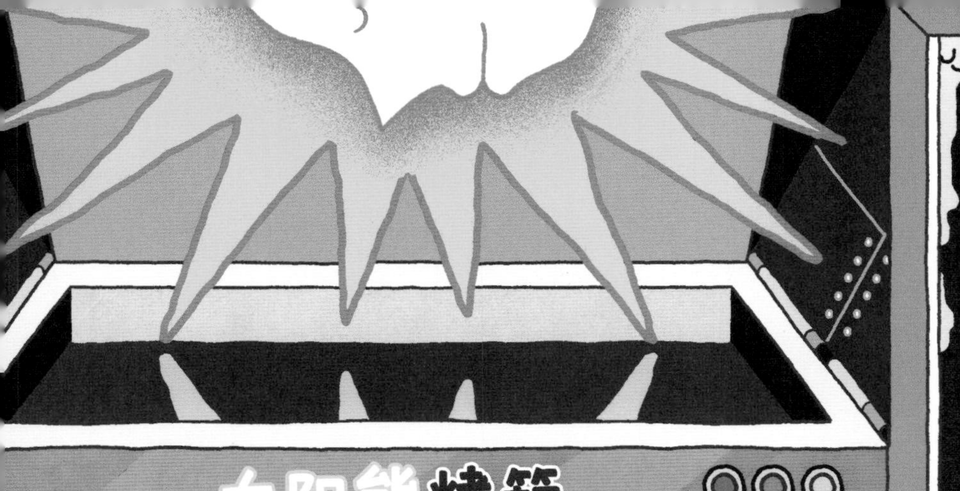

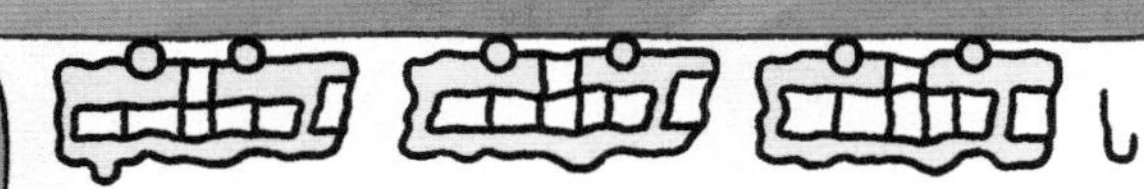

7. 太阳能炉灶

太阳距离我们很遥远，但阳光是地球上最重要的自然资源之一，我们甚至可以用它的能量来做饭。比如，太阳能炉灶通过反光镜将太阳光聚焦到锅具上，从而加热食物。

6. 废弃油脂燃料

当食用油进入下水道，便埋下了隐患。油脂与其他不应扔入下水道的物品（如湿巾等）结合会形成块状堵塞物，并且只要有油脂进入管道，堵塞物就会不断胀大，最终形成“油脂山”。其实，我们可以将这些废弃油脂收集起来，将其改造成汽车燃料。

在英国伦敦，人们曾经发现了一座长达 250 米的巨型“油脂山”，它比 20 辆公交车还要长。

请投币

8. 虫虫饮料

跟大多数昆虫通过产卵繁衍后代不同，一种叫太平洋折翅蠊的蟑螂会直接生下幼虫。蟑螂幼虫在母体内时以一种淡黄色液体为食，这种液体会在幼虫肠道中形成微小的蛋白质结晶。这种液体和其结晶的营养都非常丰富。有科学家建议相比从蟑螂中提取这种液体，不如在实验室人工制造这种结晶，用于制作奶制品、面包和啤酒等食物。

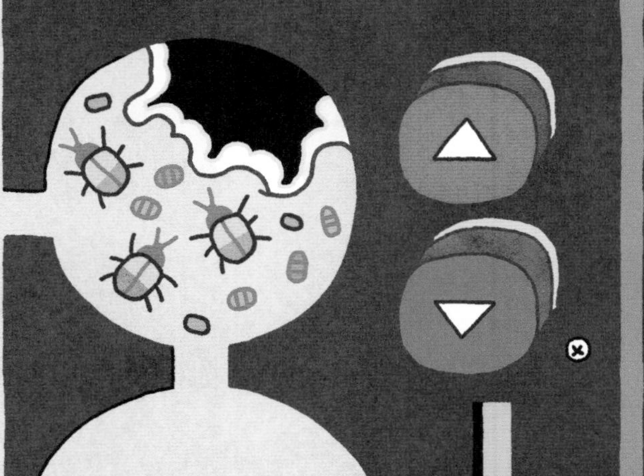

据科学家估计，大概得用掉 1000 只这种蟑螂才能得到 100 克结晶。

9. 异味探测器

未来的食品包装可能会配备传感器，用于监测**真菌、细菌**数量或者食物变质所产生的气体。当传感器探测到食物产生了异味，便会向附近的数字设备发出报警信号。你的手机就会给出烹饪建议，提醒你尽快消耗即将变质的食材，避免浪费。所以，今早要来一杯草莓酸奶配奶酪三明治吗？

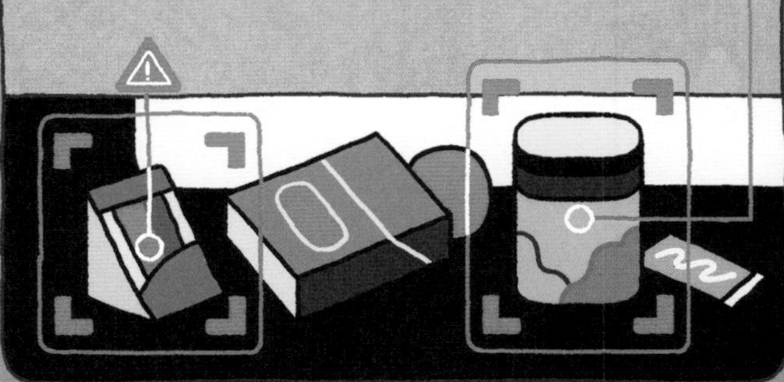

昆虫大餐

你有没有想过未来我们会吃些什么？也许是能为你提供全面营养的药片，也许是 3D 打印的比萨……为了保护地球环境，我们要不断找寻新的食物，我们的饮食也许会一直变化。

面临的困难

无论是美味的汉堡还是热气腾腾的牛排，全世界的人都在吃牛肉，但养牛会对地球环境产生影响。牛打嗝、放屁会释放**甲烷**，这种气体会进入**大气**，并不断吸收太阳光的热量。一头牛不会有多大影响，但全球有超过 15 亿头牛，以及无数供人类食用的其他牲畜，如羊、猪、鸡等。所有被饲养的牲畜都得吃喝，还需要活动空间，这意味着饲养它们需要消耗大量的水、土地和其他资源。为了给饲养牲畜腾出空间，全球每年有不计其数的森林被砍伐。这样做，不但被砍伐的树木不能再吸收大气中的**二氧化碳**，野生动物的栖息地也被破坏了。

如果你每天吃 1 千克牛肉，一年下来，生产这些被你吃掉的牛肉所产生的**温室气体**相当于开车从北京到上海一个来回的排放量。

科学家们一直在想办法减少我们饲养牲畜对环境的影响。他们甚至想过让牛吃海藻以减少**甲烷**气体的排放，或是将它们的屁收集起来用作燃料。

昆虫农场

比起努力减小饲养牲畜对环境的影响，有一个更加简单直接的方案：我们可以吃一些体形更小、占用土地和其他资源更少的东西，比如…… 昆虫。

昆虫富含维生素和矿物质，是极佳的肉食替代品。毛虫、蝗虫和蝇**幼虫**都含有各种微量元素，如锌和铁（锌能够增强人体免疫力，铁与血细胞携带氧气有关）。我们可以将昆虫碾碎或通过烹饪让它们变得可口。也许未来黄粉虫幼虫做成的面粉可以烤成蛋糕，从甲虫体内提取的蛋白质可以做成三明治里的培根，成为全新的营养丰富的甲虫三明治的一部分。

讨厌的小爬虫也会吃人和牲畜不吃的厨余垃圾和植物。我们甚至可以在城市中养殖昆虫以节约空间。

一些蛋糕或果汁里使用的红色食用色素，就是将一种叫胭脂虫的虫子捣碎后得到的。

新式肉食

如果你实在吃不下黄粉虫幼虫，不用担心，还有一些其他的环保食物可供选择……

人造牛排

科学家正在研究如何在实验室中合成人造肉。

首先，需要从动物的肌肉组织中取出细胞样本，再加入一些神奇的化学物质，让这些细胞成倍地增长，从而生成人造肉。这些人造肉可以做成鸡排、香肠等。其实，现在已经有实验室合成的牛排被端上了餐桌，但由于这项技术仍然需要消耗巨大资源（以及金钱），也因为还有其他一些生产起来更节能的肉类可供选择，人造肉进入大众的菜单可能还需要一些时日。

蘑菇肉

利用**真菌**如蜘蛛网一样细小的菌丝也能做出人造肉。说起真菌，你脑海中可能会浮现出蘑菇从地里冒出来的画面。但是在蘑菇伞下，有无数四散垂入土壤的白色细丝，这种类似植物根系的东西就是**菌丝**。为了制作人造汉堡肉和培根，需要将菌丝发酵、加热，再与香料混合，模拟出肉的质地。

人造鱼肉

把鱼从海洋带上餐桌的过程，会产生大量的**碳足迹**。捕鱼活动会破坏海床和珊瑚礁，海里的鲸鱼、海豚和鲨鱼也经常被渔网困住。科学家正在用一种被称作“血红素”的有机分子制作肉类替代品。这种富含铁的有机分子广泛存在于动植物中。人体内，血红素是血液组成部分，能帮助将**氧气**从肺部运送到身体其他部位。而且，也因为它血液才会呈现红色，肉类食品才会有了特有的纹理和味道！血红素可以从酵母中培育出来，做成美味的人造鱼肉菜肴。

仅一茶匙的泥土就含有数十亿个细菌！

细菌汤

一碗**细菌**汤可能就是科学家们一直在寻找的未来食品。化学家们已经用土壤中的细菌、**二氧化碳**、水等原料制作出了一种粉状蛋白质。向水中通电可以产生**氢气**气泡，将这些气泡与从**大气**中提取的二氧化碳混合可以培养细菌。这种混合物发酵（有点像醋的制作过程）产生的黄色泡沫会被送入滚筒热风干燥机进行干燥处理，最后就会得到类似面粉的粉末。据说这种粉末没有任何味道，所以它可以作为完美的添加剂加入食物，为食物增加营养，同时也几乎不会给地球环境造成负担。

① 有用的粪便　② 海藻牙膏包装　③ 竹制牙刷　④ 太空系统

绿色浴室

洗漱清洁从未如此“绿色”……

未来浴室可以利用太空技术对水进行循环利用，智能镜子可以监测你的健康状态，特制马桶可以将你的粪便转化成电能！

5 苔藓地垫

6 魔镜

7 透明太阳能窗

8 生物微珠

9 医用胶水

1. 有用的粪便

从马桶里冲走的污水通常会被净化再利用。随着人口增长，一种潜在的可利用资源——粪便，也随之增加。也许我们不必将粪便冲走，而是将其收集到个人的**生物降解器**中。在生物降解器内，粪便中的有机物被**微生物**分解后会产生可燃气体，我们可以将其收集起来用作燃料。

2. 海藻牙膏包装

塑料牙膏管要超过 500 年才能完全分解。为了解决这个问题，科学家们设法将黏滑的海草做成无味的薄膜，用来制成装牙膏的可食用胶囊。放一粒到嘴里，胶囊爆开，就能刷牙了！

3. 竹制牙刷

我们一生中大约会用掉 300 支牙刷，所以现在地球上生活着的人一生用掉的牙刷就会产生大约 360 万吨塑料，其中许多将流入海洋。竹制品**可生物降解**，因此用竹子制成牙刷柄可以保护海洋生物，减少废物垃圾。

毛竹一天可以生长一米！如此快的生长速度，每年即使收获 25% 的成熟竹节也不会毁掉竹林。

4. 太空系统

国际空间站（ISS）上有一个专门用来收集宇航员尿液、汗液甚至呼吸时产生的水分的系统。它能过滤掉盐分、尘垢等污染物，并杀死所有病毒和**细菌**，回收利用收集物中 93% 的水分！这一系统如果应用到地球上，就可以让污水重新成为饮用水、清洁或厕所用水。

5. 苔藓地垫

当你赤脚踩在用苔藓做成的地垫上面时，你会有脚踩草地的感觉。苔藓地垫还能吸收你出浴时带出的水。苔藓不会开花、结果，也不会生根，它钟爱潮湿的环境——比如你的浴室。

在第一次世界大战中，苔藓就被用来包扎伤口。它吸水性极好，能保持伤口清洁干燥，还可以抗菌。

6. 魔镜

魔镜魔镜告诉我，谁是世界上最健康的人？配备传感器的智能魔镜能通过扫描你的眼睛、皮肤，监测你的呼吸，收集各项数据。这些数据传入电脑后，通过特定**算法**可以评估你是否有生病的迹象。

7. 透明太阳能窗

太阳能窗能从太阳光中获取**能量**并将其转化为电能。太阳辐射出不同**波长**的光，其中的一部分是我们能看到的可见光。太阳能窗可以只让可见光通过，捕获人眼看不见的**紫外线**和**红外线**，将其转化为电能。这样既可以让浴室保持明亮，又可以提供电能让你使用吹风机等电器。

8. 生物微珠

塑料微珠，比一粒沙还小，广泛用于牙膏、沐浴液等日用品中。这些微珠会随着水流最终汇入江河大海，再被水里的动物吃掉。好在科学家们正在研制一种新型环保微珠进行替代。这种微珠取材自植物中的纤维素（这种物质能让植物保持坚韧、挺拔）。新型微珠**可生物降解**，因此可以放心冲入下水道！

9. 医用胶水

受到鼻涕虫启发，未来处理你膝盖上的伤口也许不再需要创可贴，而是用胶水黏合。当鼻涕虫受到惊吓时，它会分泌一种黏液，将自己牢牢黏在附着物上，防止自己被鸟等捕食者抓走。科学家们由此设计出一种医用胶水，可以在手术中为病人黏合伤口。

能量满满

能源为我们的生活提供保障。从早上起床烧水到晚上设置第二天的早起闹钟，我们从早到晚都在使用能源。而所有能源都不是凭空出现的，目前我们的能源开采活动对环境造成了很大的影响。好在我们还有很多解决办法，比如从下水道中回收能源……

面临的困难

我们使用的能源有很多来源。从全球范围来看，我们利用的大部分能源都来自石油、煤炭和天然气。它们都属于**化石燃料**（化石能源），由数百万年前被埋入地下的动植物分解形成。我们需要将化石燃料从地下挖出来，再燃烧，它们才能释放所蕴含的**能量**，但同时也会释放大量**二氧化碳**。这导致了**全球变暖**和空气污染，所以我们需要找到清洁、绿色、先进的能源为我们的生活提供能量。

便便能量

世界各地的人们都已经开始从厕所、农场，甚至宠物那里收集粪便进行发电！首先，粪便可以用来为我们的房屋供暖。城市的地下管道内的污水一般为 20℃左右。与其让这些热量白白浪费，不如用**热泵**将它们导出，为附近的建筑物供暖。

便便除了能供暖，还能用来生产气体能源。但要将臭气熏天的脏东西转变成提供**能量**的气体，也没那么简单。以下就是整个流程：

1. 含有粪便的废水被送到污水处理厂后，会先被去除没用的杂质，之后储存在大型罐子里。在储存的罐子里，残留的固体物会渐渐沉到罐底，形成污泥；上层液体则被抽到另一个罐子里，被特殊的**细菌**处理，去除残留的有机物。

2. 经过进一步的净化、消毒和过滤，上层液体达到水质检测安全饮用标准后，便会被送回供水系统循环使用。

3. 剩下的污泥也会被处理。首先，用**离心机**（一种能通过快速旋转分离液体的机器）去除水分，然后在巨大的压力蒸煮器中把生物细胞煮到破裂。

4. 细胞破裂后，污泥就被送入**生物降解器**，在那里细菌会吞噬有机残渣，产生可用作燃料的沼气。

5. 细菌大快朵颐后的残留物还可用作植物肥料。

我们平均每天大约排出 128 克粪便以及 1.5 升尿液。为约 800 盏灯供电一个小时大概需要 10 万人的便便。

尿液供电

从尿液中也能提取**能量**。将尿液灌入一种叫作“微生物燃料电池”（尿液燃料电池）的装置中，那里的**微生物**以尿为食，并释放出电子（**原子**的组成成分之一）。释放的电子带有负电荷，它们顺着导线流动时，就形成了电流。来自尿液的电可以为浴室照明或为手机充电。

神奇的水

如果这些厕所科技让你觉得恶心，不要担心，浴室里还有一些东西也能提供大量能量……而且不怎么臭！

制造波浪

你在海边游泳时有没有被海浪拍打过？如果你体验过这种感受，就会知道水的力量有多强大。这就是为什么科学家设计出了许多不同的波浪能*发电系统获取**能量**。其中一种是在海底铺上橡胶垫“地毯”，海浪起伏就能推动连在橡胶垫上的泵，将海浪的能量转化为电能。

---

* 波浪能指海洋中由风、海面气压变化和海底地壳活动产生的海浪中蕴藏的能量，是一种可再生能源。——编者注

科学家注意到墨西哥湾的渔民会在海上风暴来临时将渔船开到泥沙浑浊的特定区域，那里的海浪比较缓和。这是因为泥泞的海底能减缓上方海浪的速度，这启发了科学家设计出海底橡胶垫“地毯”。

令人惊叹的藻类！

藻类也能为我们发电。和植物一样，**藻类**能通过光合作用从阳光中获取能量。光合作用是利用太阳光将**二氧化碳**和水转化成有机物质和**氧气**的化学反应。在光合作用中，海藻也会产生能够用来发电的电子。

有些种类的巨藻一天就能生长 50 厘米，最终可长到 50 米。如果你能每天长高 50 厘米，一年后你的身高差不多是伦敦大本钟钟楼高度的两倍。

水能做什么？

你知道水的分子式是 H_2O 吗？从分子式中我们可以得知，水由**氢元素**和**氧元素**组成。这两种元素非常重要，氢元素是宇宙中最多的元素，而氧元素组成了我们吸入的氧气，维持着我们的生命。工程师设计出一种氢燃料电池，用氢元素和氧元素结合生成水的过程来发电。因为这一装置发电只会产生水而不会产生污染物，所以使用氢燃烧电池为车辆提供动力具有极大的发展前景。唯一的问题是，虽然宇宙中有大量的氢元素，但它在地球上却不太多，也就是说我们还得依赖**化石燃料**来制备**氢元素**。

壮志凌云

科学家们测试过一种将海水转化成航空燃料的方法。很难想象，海水里的**二氧化碳**密度比空气中的更大。科学家们充分利用海水的这一特性，将海水通电，让其分解成**氢气**、**氧气**和二氧化碳，然后再将氢气和二氧化碳制成燃料。由于目前的技术限制，生产这种燃料会消耗大量**能量**，因此短期内我们还无法在实际生活中应用这种方法，但总有一天它能够成为出海船只的动力来源。

① 尾气艺术　② 快递机器人　③ 城市微风发电机　④ 智能服装　⑤ 自动驾驶

未来城市

城市是最容易产生污染物的地方。但有了先进的技术，我们就可以让城市保持洁净，创造宜居的绿色空间，供我们生活、工作、旅行。未来城市正在成为现实：随处可见的自行车和踏板车、在高架桥上运行的太阳能快速列车、种满植物的摩天大楼和大量的步行空间……

⑥ 高空通勤　⑦ 塑料道路　⑧ 净化空气　⑨ 踩踏发电　⑩ 地下建筑

1. 尾气艺术

世界各地的城市里，满大街的汽车都在排放尾气，这无论是对环境还是对我们的肺都不是好事。但是如果我们能把这些废气变成艺术呢？有一种连接排气管的装置能收集尾气中的烟尘，不让其排入空气，然后通过一些奇妙的化学反应将这些烟尘制成墨水。

2. 快递机器人

在不久的将来，机器人可能会取代快递员为你递送包裹！货物会被安放在机器人里，**人工智能**（AI）系统、定位传感器和摄像头将全程为机器人导航、规划路线，让它穿过车流和行人，为你送货上门。

3. 城市微风发电机

因为各种建筑物的阻挡，城市中的风向十分分散，很难为传统**风力发电机**所用，所以发明了外观奇特的微风发电机——类球形外观让它能够捕捉来自任何方向的气流，并不停快速旋转，这样便能为当地提供更多的电力。

4. 智能服装

科学家们正在研发智能面料。这种面料的纤维上带有微型电子器件，如导线、传感器、微型芯片等。这就把普通的面料变成了特别的电子设备。未来，你的衣服能够随着你的心情变色或者发光！智能面料甚至可以从你的运动中获取**能量**，这些能量能够为衣服里的微型发热器供电，使其运转，让你感到温暖、舒适。

5. 自动驾驶

自动驾驶汽车不但听着有趣，还能提高通勤效率，也更加安全。由于配备了传感器和**人工智能**（AI）系统，自动驾驶的轿车和公交车无须司机驾驶就能在城市中行驶，而且还能计算出最佳出行路线，并通过无线通信技术避开拥堵和事故路段。

6. 高空通勤

为了把城市空间充分利用起来，城市交通可以往高处发展。在我们头顶上方，悬吊在拱形金属轨道上的履带吊舱可以把人们快速地送到各处，也不会影响地面活动。它们甚至可以由**太阳能电池**供给部分电能，这样也能遮挡太阳光，为下方的人们提供阴凉。

7. 塑料道路

工程师们将塑料垃圾与其他材料混合制成一种新材料，这种材料可以用来铺路或修建人行道。全世界都已经开始用塑料来修路了，荷兰的兹沃勒就有一条用回收的塑料瓶和包装建成的 30 米长的自行车道。

兹沃勒的塑料自行车道所用的再生塑料与 21.8 万个塑料杯相当。

8. 净化空气

想象一下，建造一座像空气净化器一样的巨塔，用它吸走污浊的**雾霾**并过滤，将干净的空气和烟尘颗粒分离。由此得到的烟尘颗粒含有碳。碳挤压加工后可以做成闪亮的钻石。有了这么一个大型空气净化器，再配合点“炼金术”，你就能从烟尘中炼出钻石了。

9. 踩踏发电

如果你在地上行走的每一步都能用来发电是不是很棒？用**压电材料**铺成的地面可以将脚踩下去产生的压力转化为电能。在体育场和火车站这种踩踏频率很高的地方，我们的脚步就是绝佳的**能量**来源。

10. 地下建筑

远离地面的喧嚣，地下建筑能为我们提供更多空间，保护我们不受地面恶劣环境的影响，比如夏天的酷热或呼啸的狂风。只要能够确保地下建筑有充足的光线和新鲜的空气，就能在不破坏城市环境的条件下让城市容纳更多人口，城市依旧郁郁葱葱，到处鸟语花香。

我们的出行方式对地球环境有很大影响。所以为了未来，我们需要寻找更绿色环保的交通工具。首先得有新的出行方案，由于城市空间有限，新方案也得考虑提高空间利用率。

面临的困难

轿车、公交车和大巴车都让人们出行更方便，但是这些方便的交通工具也带来了很多问题。比如，它们排出的大量有害气体和烟雾会污染周围的空气。当我们吸入这些污染物，它们就会破坏我们的肺、心脏，甚至大脑。**空气污染**就是这样损害人类健康的，动物和自然环境也跟着遭殃。城市里到处都是汽车，所以污染尤为严重。

我们不可能让所有车辆从路上突然消失，否则大家该如何出行呢？但是我们可以考虑一些更加绿色环保的选择。如果新的出行方式能够减少燃油车辆数量，那么空气质量就能提高，自行车、行人和绿化设施就能拥有更多空间！

空中通行

未来，我们可以乘坐电动出租飞车在空中快速通行！跟直升机类似，城市中的飞车靠螺旋桨升入空中，并设有车厢来运载乘客或储存货物。这些飞车能充分利用我们头顶的天空，有助于减轻地面交通压力。乘坐它观光应该也会很不错。

科学家们想制造更加环保的飞车，就需要用到超强电池。目前，不论性能还是重量，都还没有电池能够满足要求，但工程师们一直在为此努力。同时，他们也正在研究一些不错的地面替代方案。

轮式酷行

在韩国的一条公路中间有一段长约 30 千米的自行车道。车道上方的**太阳能电池**既能为骑行者遮阳，还能发电，为公路的夜间照明提供电力，同时为**电动汽车**提供充电服务。建设太阳能自行车道能为人们提供日常锻炼的场所，同时也能产生**能量**，而且全程不会产生任何污染！

不光韩国有这么前卫的自行车道，波兰有一个城市还建造了一条夜光路。这条路表面有一种可以发光的微珠。这种微珠白天吸收阳光，天色变暗后便发出蓝光，为夜间骑行者照亮道路。在中国，为了避免道路拥挤，厦门市特意建造了一条距离地面 5 米的空中自行车道，供人们骑行。

出行方案

节省空间的自行车道和飞车是很不错的市内出行选择，可长途旅行怎么办呢？飞机是很好的选择，只要几个小时就能把旅客送到数千千米之外，但是它们会排放大量污染物，所以科学家们正在寻找新的环球出行方式。

优雅的磁悬浮列车

磁悬浮列车因磁悬浮技术而得名。这种列车的轨道和列车底盘上分别安装着磁力强大的磁铁，利用磁铁之间相互排斥的力量，将列车向上推离地面、悬在空中；轨道两边的磁铁则推动列车前进。由于悬浮在空气中，磁悬浮列车不会与轨道产生摩擦，从而时速能达数百千米。

翠鸟有一个尖尖的喙，能让它们自如地迅速潜入水中。日本的工程师们从中获得灵感，他们用车头模拟翠鸟的喙，减小了空气阻力，让列车跑得更快、更安静，速度达到了每小时 320 千米。

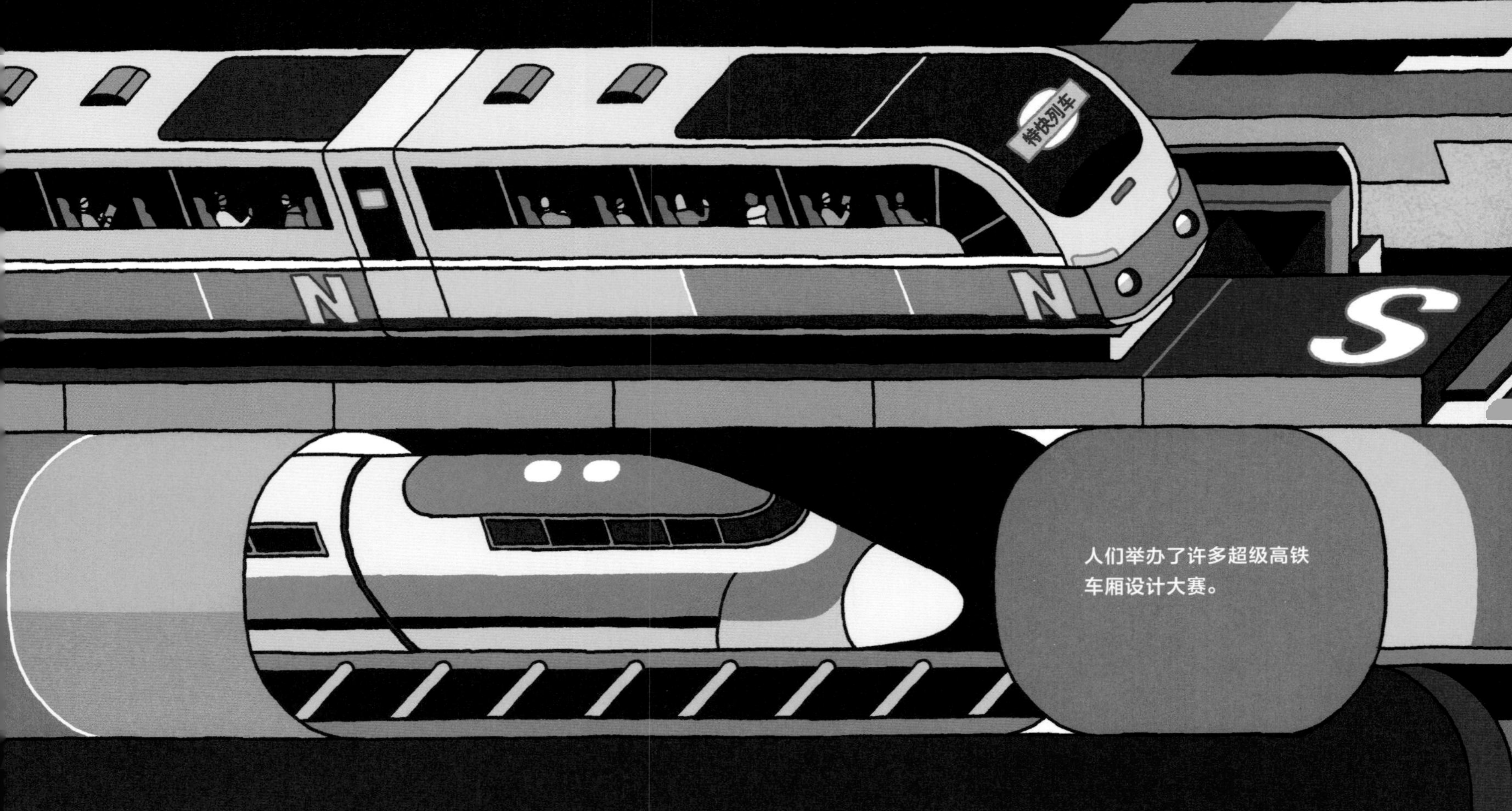

人们举办了许多超级高铁车厢设计大赛。

超级高铁

即便是磁悬浮列车，跟正在研发的超级高铁相比也不过是蜗牛速度……想象一下，用不了烤一个蛋糕的时间，你就能从伦敦到柏林，时速超过 1000 千米！这就是超级高铁的目标。超级高铁不但拥有强大的磁力悬浮车厢，还有超长的几乎没有空气的运行管道，从而获得一个几乎没有摩擦的通道，让列车运行就像用吸管吸果汁一样轻松！

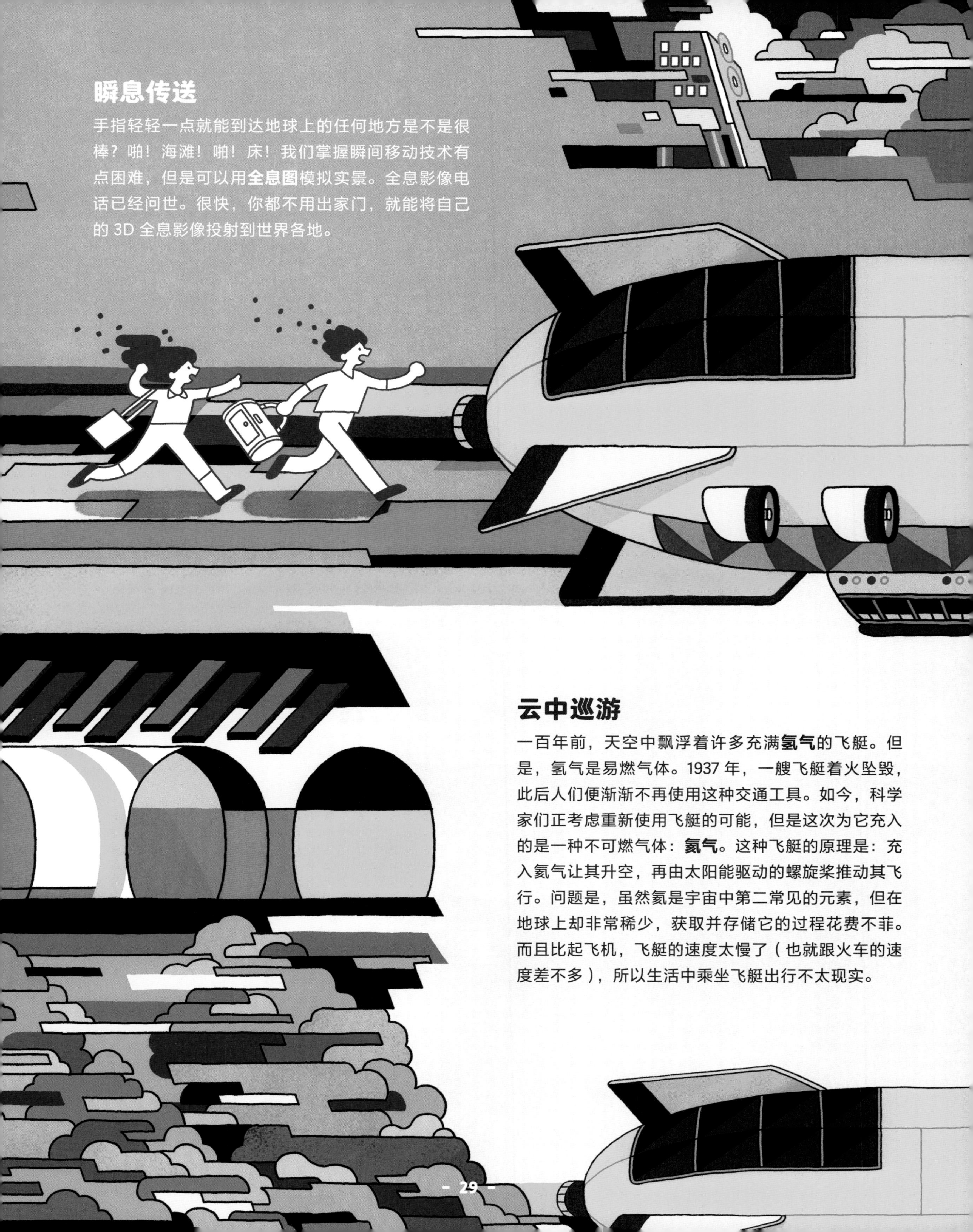

瞬息传送

手指轻轻一点就能到达地球上的任何地方是不是很棒？啪！海滩！啪！床！我们掌握瞬间移动技术有点困难，但是可以用**全息图**模拟实景。全息影像电话已经问世。很快，你都不用出家门，就能将自己的 3D 全息影像投射到世界各地。

云中巡游

一百年前，天空中飘浮着许多充满**氢气**的飞艇。但是，氢气是易燃气体。1937 年，一艘飞艇着火坠毁，此后人们便渐渐不再使用这种交通工具。如今，科学家们正考虑重新使用飞艇的可能，但是这次为它充入的是一种不可燃气体：**氦气**。这种飞艇的原理是：充入氦气让其升空，再由太阳能驱动的螺旋桨推动其飞行。问题是，虽然氦是宇宙中第二常见的元素，但在地球上却非常稀少，获取并存储它的过程花费不菲。而且比起飞机，飞艇的速度太慢了（也就跟火车的速度差不多），所以生活中乘坐飞艇出行不太现实。

hello
ciao!
① 人工智能老师
② 能长大的衣服
③ 语言服务
④ 热能利用
⑤ 公众科学项目

科技校园

在学校我们能学到很多知识。比如，如何解决棘手的数学方程式，如何连接**太阳能电池**供电线路。而教学的方式也一直在变化：从过去用粉笔和黑板授课，到现在在家观看网上视频课程。科技给我们带来了全新的、先进的学习方式，也帮助我们适应这个变化的世界。

6 植物墙　7 太阳能学校　8 虚拟课堂　9 降温套装　10 节能地铁

1. 人工智能老师

你有没有发现，成年人也有答不出的问题？当你做家庭作业遇到困难时，他们也不一定能给你帮助。所以，科学家正在开发虚拟老师——**人工智能**机器人，它们将帮忙回答学生的疑问。未来，当你远程学习时，你可以向机器人老师发消息寻求帮助！

2. 能长大的衣服

才入学几个月，校服就因为你长高而变得不合身了，这是不是很烦人？受到折纸启发设计出的衣服能解决这些成长的烦恼，让你不用一直买新衣服。这种特殊面料有很多特殊的褶子，它们可以伸展，变长变宽。这就意味着用它们做成的衣服可以跟着主人一起“长大”。

1岁 2岁 3岁 4岁 5岁

全球超过 14 亿人的母语是汉语，为世界之最！

3. 语言服务

你好！Hello! Ciao! Merhaba!* 能与世界各地的人交流，我们就能无障碍地分享想法、传递消息。未来，翻译耳机就能够取代人工为我们提供翻译服务。当你与说不同语言的人聊天时，耳机里的麦克风会收集谈话内容，再由处理器快速将其转换为你能听懂的语言。

GOOD MORNING, HOW ARE YOU？早上好，你们好吗？

* 中文、英语、意大利语、土耳其语中“你好”的说法。——编者注

安息

4. 热能利用

世界上每天约有 15 万人去世，大量尸体会被送往火葬场。处理尸体产生的热气可以通过管道送往学校等地，为其建筑供暖。这听起来可能有些可怕，但却是一个避免**能量**浪费的好办法。

5. 公众科学项目

号召你的同学参与到公众科学项目中来！网上有大量的公众科学项目：比如在照片上标记企鹅数目、分辨不同海牛的叫声等。在现实世界中，你可以数蝴蝶或记录看到的蛞蝓。这些世界各地人们提供的数据，可以帮助研究人员了解动物的生存状态和自然环境的变化。

6. 植物墙

一面覆满植物的墙可以成为观察植物的完美场所。你和朋友们可以看到根系如何生长，花儿如何绽放，以及这样一个小型生态环境如何成为各种昆虫的家园。植物墙还有助于在炎热的夏季为建筑物降温，在寒冷的冬季保温。有研究表明，与绿植为伴也会让人更加快乐！

7. 太阳能学校

在阳光充足的教室里，太阳能课桌可以将光能转化为电能——只需要插上电源就可以为你的手机（如果它还没被老师没收的话）充电。小型**太阳能电池**也能内置入骑行头盔、背包和便携式音箱中——这样你就能在放学路上用太阳能播放你最爱的音乐了。

太阳每小时向地球辐射的能量约 6×10^{20} 焦耳，比人类一整年消耗的能量总和还多！

8. 虚拟课堂

增强现实技术（AR）能让你在不伤害一只青蛙的情况下练习解剖，也能让你不用回到过去就能看到恐龙蜂拥狂奔的景象。增强现实技术通过摄像头捕捉真实场景，并将虚拟的物体、人物、动物或信息置入其中，在电子设备的屏幕上显示出来——只看屏幕，它们好像就是真实存在的！

9. 降温套装

未来的运动服里会有**细菌**（并不是脏了没洗产生的）。当你开始流汗，细菌就会膨胀，撑开运动服上的襟翼，从而达到透风的效果。等汗干透，细菌又会收缩，让襟翼闭合。这种设计能帮你在球赛中保持舒适的体感温度。

10. 节能地铁

如果没有空调降温，地铁里会很闷热。与其让这些热量从通风井白白浪费，不如用它们把水加热，为附近的建筑（比如学校、公寓等）供暖。如果你乘地铁上学，在到达教室前，你已经在帮助教室暖和起来了。

地铁里的部分热量是列车加速、刹车以及在隧道内运行时产生的。纽约地铁系统温度可以超过 40℃。

热

你有过坐在闷热的教室里汗流浃背的体验吗？或者在操场上活动时冻得瑟瑟发抖？如果不消耗大量的能量，很难让人在夏季和冬季感到舒适。不论想保暖，还是想降温，对科学家和工程师而言都是挑战，他们已经尝试了很多方法来解决这些难题。

面临的困难

人类有数百种方式使用**热能**。想想在学校，教室里需要适宜的温度，食堂需要提供热气腾腾的午餐，这些都需要用到大量的热能；而回到家，我们需要烧水，需要用热水冲澡，需要使用暖气，依旧离不开热能。

不只人的日常活动需要消耗热能，生产各种东西（汽车、电脑、塑料袋等）、建设游戏场地等都需要热能。甚至出版你面前这本书也消耗了**热能**。消耗**热能**可以产生热量，但是由于我们直接或间接消耗热能都主要依赖燃烧**化石燃料**，科学家正在研究新的获取热量的方式。

核聚变

跟所有恒星一样，太阳内部的氢原子核相互碰撞融合形成氦原子核，同时释放**能量**。要是能将这些能量一起带回地球一定很棒，但是如何实现可把科学家们难住了。

太阳的质量非常大，巨大的质量产生强大的**引力**不仅让太阳内部紧密地压缩在一起，还让太阳的温度极高，其核心温度可达 1500 万℃。在如此高温高压的条件下，氢原子核被挤到一起，并有足够的能量克服它们之间的斥力，于是发生了碰撞融合。你有没有试过把两块磁铁同极相对？那感觉和原子核的碰撞融合类似 —— 你需要使很大劲才能让它们碰上。

1 克核聚变燃料产生的热量和 8 吨汽油相当！

可控核聚变

而回到地球，想要创造出**核聚变**就要采取一些强大的物理学手段。既然我们无法复制出太阳那样巨大质量的核聚变燃料，那就必须让反应堆*内部温度达到约 1 亿℃。科学家们已经开始了一些实验来突破可控核聚变技术，但这非常困难 —— 掌握它可能还得努力许多年。尽管如此，如果我们能成功地再现恒星内部的这一科学反应过程，我们将拥有几乎取之不尽的清洁能源。

---

* 使原子核裂变的链式反应能够有控制地持续进行的装置。—— 编者注

保持凉爽

随着**全球变暖**，我们必须研究出各种技术为我们自身以及周围环境降温。没人想让自己在人群里汗如雨下。遗憾的是，空调是一种会消耗**能量**的设备，所以工程师们在寻找可替代的制冷装置。

干爽无汗

未来的衣物会模仿自然界中的各种生物来为人体降温！不同的动物有不同的降温方式。大象扇动它们的大耳朵，猪会在泥里打滚，而秃鹫……会在它们的腿上拉大便。但凡你想尝试以上任意一种方式，都会被当成怪人（也许还会被赶出学校！）。好在人类也有降温妙招——流汗：让身体产生水分并由皮肤排出，**蒸发**时便能带走一点热量。

模拟这一过程，一种高科技 T 恤被发明出来：它使用了一种类似海绵的面料。你踢球时，随着空气流过，这层面料可以让汗水中的水分慢慢**蒸发**，让你保持凉爽。而 T 恤的内衬却不会被汗水打湿，所以你不会觉得身上湿乎乎的。

轻松冷却

炎炎夏日，没什么比喝一杯冷饮更好的了。但要想随时喝上冷饮，就得让冰箱日夜运转。冰箱对环境的影响除了会消耗大量电力，在报废时也会让内部含有的**温室气体**进入**大气**。所以，冰箱并不像放在它里面的沙拉那样绿色。想要设计出更环保的制冷设备，哪怕对世界上最聪明的人来说都是挑战（著名物理学家爱因斯坦也曾尝试过）。如今，工程师们发明了一种机器，运用新技术，可以在一分钟内冷却一罐汽水，就像一个冷却壶！它也许能取代自动售货机的制冷系统。它虽然没有完全解决冰箱的问题，但这是个好的开始。

陶罐妙用

偶尔，老师也会提出好点子……一位来自尼日利亚，名叫穆罕默德·巴·阿巴的老师发明了罐中罐冰箱，不需要用电就能为物品降温。就像出汗能降温那样，穆罕默德的冰箱利用了液体蒸发带走热量的原理。不如你也试着做一个，给便当保鲜？

1. 取一大一小两个陶罐（注意底部不能有孔洞）。
2. 大罐套小罐，罐与罐之间的缝隙用沙子填满。
3. 向沙子里注水。要注意及时加水，别让沙子变干。
4. 把你想要冷藏的东西放入小罐内，再给罐口盖上湿毛巾，一个经济型冰箱就完成了！

1 苔藓监测　2 马铃薯餐具　3 野生动物走廊　4 发电风筝　5 粪便发电路灯

自然公园

科学家已经证明多在花草树木间活动对人的健康有益。这些地方也为各种生灵提供家园，还会吸收**二氧化碳**制造**氧气**。希望将来会有更多的公园采用科技酷品来保护我们周围的大自然。

6 风力发电树　　7 智能蜂箱　　8 鱼皮塑料　　9 授粉机器

1. 苔藓监测

科学家们想用苔藓替代电子设备来监测空气质量。苔藓从周围的空气中获得水分和养料。已经有研究表明，苔藓会吸收空气中的污染物，而污染物会影响苔藓的形状、大小和颜色。通过查看苔藓的生长状况，科学家就能了解空气质量。

2. 马铃薯餐具

一次性的塑料餐具方便耐用，但是用一次就要丢掉。每年都有不计其数的塑料刀叉、勺子被丢弃。也许我们可以改用马铃薯餐具。经过巧妙的技术处理，马铃薯可以变成野餐时的用具。等午餐结束，把勺子插进地里，它就会降解成为土壤的肥料。

3. 野生动物走廊

随着**全球变暖**越来越严重，大量动物不得不去往更凉爽的地方。为了方便它们“搬家”，我们需要在全球建立穿越公园和城市的“野生动物走廊”。这些通道要足够宽阔，种满当地的树木和花草，且没有人类干扰。这些通道可以为动物们提供安全的栖息地。

4. 发电风筝

放飞这个风筝，你就能发电。当它乘风而起时，风筝上的小风扇就会带动小型发电机发电，电流会顺着风筝线（内置电线）充入电池。这些风筝通常在多风的海上使用。

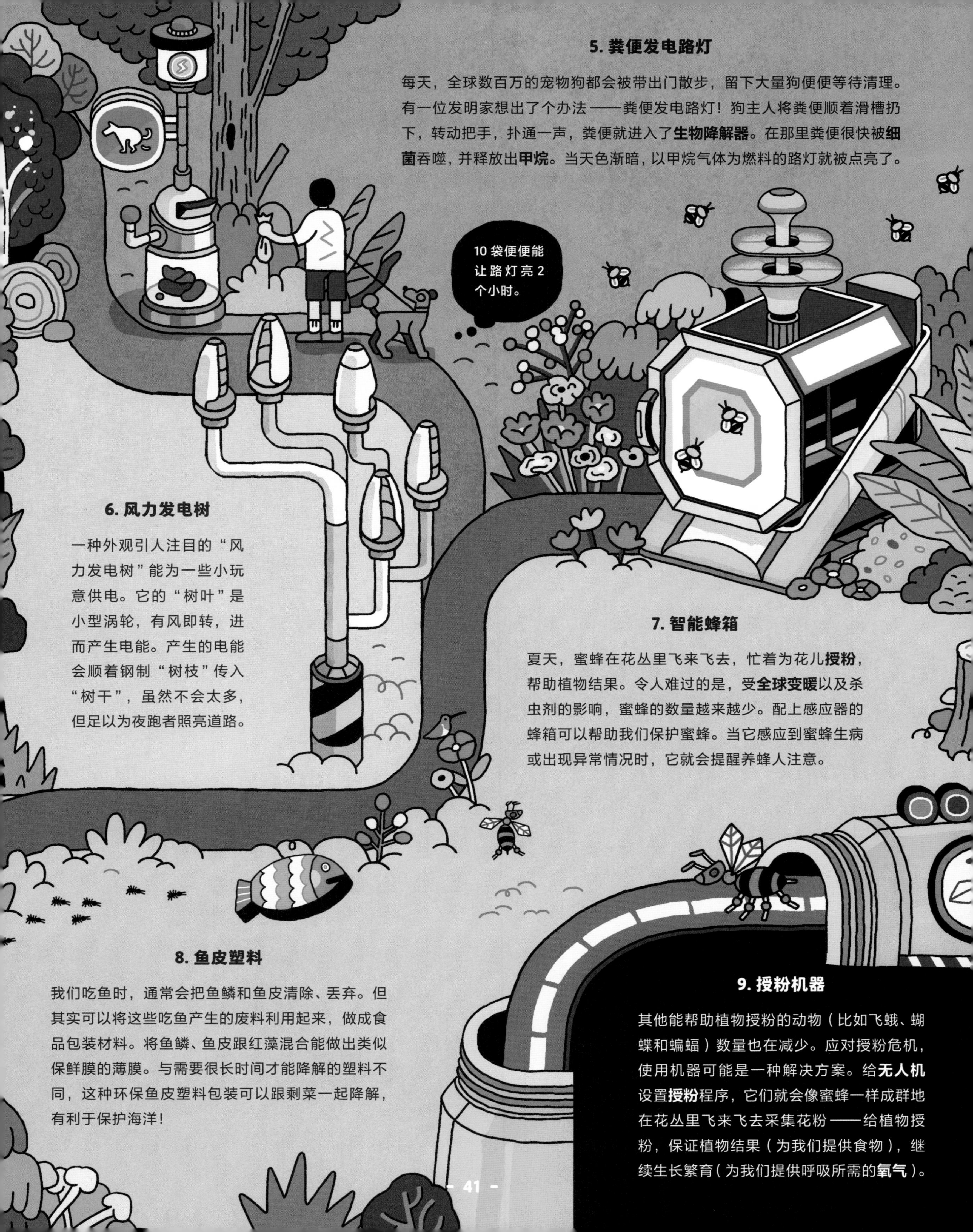

5. 粪便发电路灯

每天，全球数百万的宠物狗都会被带出门散步，留下大量狗便便等待清理。有一位发明家想出了个办法——粪便发电路灯！狗主人将粪便顺着滑槽扔下，转动把手，扑通一声，粪便就进入了**生物降解器**。在那里粪便很快被**细菌**吞噬，并释放出**甲烷**。当天色渐暗，以甲烷气体为燃料的路灯就被点亮了。

6. 风力发电树

一种外观引人注目的“风力发电树”能为一些小玩意供电。它的“树叶”是小型涡轮，有风即转，进而产生电能。产生的电能会顺着钢制“树枝”传入“树干”，虽然不会太多，但足以为夜跑者照亮道路。

7. 智能蜂箱

夏天，蜜蜂在花丛里飞来飞去，忙着为花儿**授粉**，帮助植物结果。令人难过的是，受**全球变暖**以及杀虫剂的影响，蜜蜂的数量越来越少。配上感应器的蜂箱可以帮助我们保护蜜蜂。当它感应到蜜蜂生病或出现异常情况时，它就会提醒养蜂人注意。

8. 鱼皮塑料

我们吃鱼时，通常会把鱼鳞和鱼皮清除、丢弃。但其实可以将这些吃鱼产生的废料利用起来，做成食品包装材料。将鱼鳞、鱼皮跟红藻混合能做出类似保鲜膜的薄膜。与需要很长时间才能降解的塑料不同，这种环保鱼皮塑料包装可以跟剩菜一起降解，有利于保护海洋！

9. 授粉机器

其他能帮助植物授粉的动物（比如飞蛾、蝴蝶和蝙蝠）数量也在减少。应对授粉危机，使用机器可能是一种解决方案。给**无人机**设置**授粉**程序，它们就会像蜜蜂一样成群地在花丛里飞来飞去采集花粉——给植物授粉，保证植物结果（为我们提供食物），继续生长繁育（为我们提供呼吸所需的**氧气**）。

奇妙的生物多样性

我们把地球上各种各样动植物的存在称为**生物多样性**。这种生物多样性已经演化了上亿年，让各类生物找到了适应沙漠酷热或北极严寒的最佳方式，让动物们拥有了躲避天敌、捕捉猎物的本领。我们能从这些令人惊叹的生物适应性中能学到很多：如果我们关爱自然，自然也会庇护我们。

面临的困难

地球上预计有 870 万种动植物*，而科学家推测其中有 100 万物种正面临**灭绝**的威胁。物种消失有时是自然环境变化导致的，但更多的还是因为人类活动破坏了它们的生态系统。生态系统有点像蜘蛛网，千丝万缕相互关联——任何生物都要依赖于其他生物才能生存。比如一棵树——它的叶子是昆虫的家，昆虫为鸟儿提供了食物，鸟儿的粪便会帮助树干底部的真菌生长，长出的真菌又是在树根部打洞生活的獾的食物——如果将这个生态系统中的任意一环打破，一切都会发生改变！所以，如果想减缓生物绝灭，保护生物多样性，我们就得爱护环境和生活在其中的一切。

* 这是 2011 年评估数据，也有新数据称全球动植物种类超过千万。——编者注

树木海啸

地球上约有一半的动植物生长在热带雨林，比如箭毒蛙、河豚和食鸟蛛。热带雨林能吸收大量二氧化碳，并将其转化为碳水化合物储存起来。另外，许多热带雨林植物都有药用价值。

世界上最大的热带雨林是亚马孙雨林，覆盖 670 万平方千米的范围。它的面积如此之大，以至于树木能够自造降雨，在树冠上空形成云朵。这能让周围环境处于湿润和凉爽中。不幸的是，这些年来亚马孙雨林的树木被大量砍伐，动物栖息地也遭到破坏。这样乱砍滥伐会将亚马孙雨林推过它的“临界点”：它将失去保持自身湿润气候的能力。如果这种情况出现，亚马孙雨林可能很快退化成一片干热的草原。

然而，要彻底解决这个问题，科学家们认为重新造林是一个很好的方式，它能修复亚马孙雨林，遏制更大范围的**气候变化**。我们所要做的就是停止砍伐，开始植树！数百万棵树木长成后我们就能重建雨林生态系统，保持生态健康，并在此基础上探索最绿色的碳捕获技术。世界各国都计划多种树。

大自然的提示

我们需要想办法来保护地球的生物多样性。敬畏自然也能激发创意巧思：自然界无比精妙，早就有了应对各种问题的办法！从自然界中获取灵感的科学被称为仿生学。

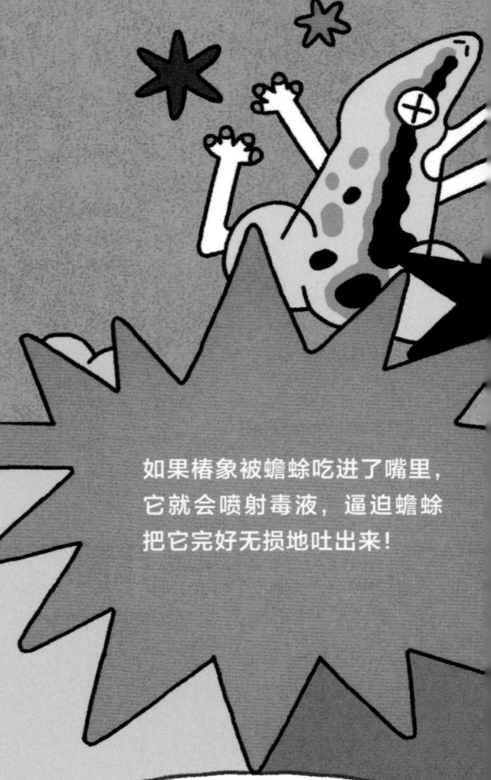

如果椿象被蟾蜍吃进了嘴里，它就会喷射毒液，逼迫蟾蜍把它完好无损地吐出来！

虫虫轰击

在椿象（俗称“放屁虫”）小小的身体内，有一个特别的生理结构，会发生一套复杂的化学反应，让它们能够从尾部快速发射有毒的滚烫液体，从而有效击退掠食者！椿象腹部有独立的区域储存两种化学物质，当它们混合便会发生化学反应，产生巨大的热量，椿象就会猛地喷出炽热的毒液。科学家们模仿这种神奇的生理构造，想要找到一种能更好地将药物送入人体的方案，比如为哮喘患者设计新型吸入器。工程师们大概也从中得到了灵感，对灭火器的设计有了新想法，设计出能根据火势来调节喷雾大小的灭火器：能喷射大股液体，或者细小的薄雾。

节水特技

生活在纳米布沙漠的雾姥甲虫也是科学家的灵感来源。为了生存，这种甲虫从飘过沙丘的晨雾中收集水分。它们迎着微风，抬起屁股，翅膀上特殊的凸起周围就会聚集微小的水滴，水滴顺着甲虫背部的排水槽向前滚动，径直进入它们的嘴里！工程师们正在根据甲虫的这一生理结构设计一种新的冷凝器——可以将水分从空气中抽出的装置，为湿热地区多提供一种取水方式。

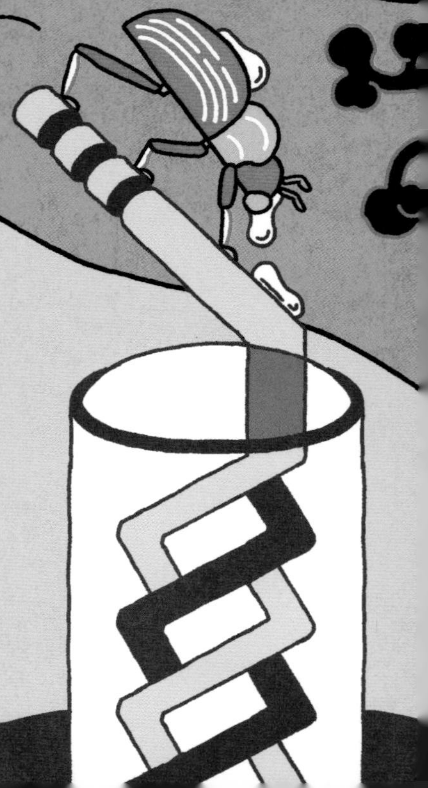

聪明绝顶的黏菌

黏菌不是植物、动物，也不是真菌，而是一种完全不同的生命体。它可以是一个单细胞，也可以是数平方米大小的聚落。虽然没有大脑，但它们总能找到获得食物的最佳路线。首先，黏菌的原质团会像伸出手臂一样向外延伸，探测周围环境，然后，黏菌找出到达各处食物最短的路径，形成管道网络。

利用黏菌的这种特性，我们可以让它们为我们指出到公园最便捷的路线。科学家们曾做过实验，看黏菌是否可以模拟出日本的铁路网。他们模拟日本首都东京周边的城市位置摆放好燕麦片，并用燕麦片的多少来反映城市的人口规模，燕麦片越多就代表城市越大。神奇的事发生了，黏菌自己建立的食物运输管道网络，与现实中工程师们花了数年时间设计、建造的铁路系统很相似！下次我们需要建造高效运输系统时，也许可以先征询黏菌的意见。

① 空中监控　② 食物森林　③ 野草奇迹　④ 垂直农场　⑤ 以鱼养苗

现代农场

地球上约有 80 亿人，想喂饱这么多张嘴，就要产出足够的食物。让人人吃饱吃好，还要兼顾自然环境，是一个艰巨的任务。为了实现这一目标，我们需要建设一些现代农场。

6 牲畜传感器　7 农业机器人　8 绿色大厦　9 种植星球

1. 空中监控

越来越多的农民用**无人机**监控他们的土地。配上摄像头和传感器，无人机就能在空中查看土地是否缺水，农作物是否有病虫害。工程师们还发明了可以播种和施肥的无人机。

2. 食物森林

将来，农场可能会变得像森林一样。一些农户不再为了开荒种地而砍伐树木，而是开创性地将果树、坚果树和绿叶蔬菜等经济作物种植在一起！跟传统农场相比，这种“森林”不需要太多照看，因为多种植物种在一起，它们抵御病虫害和**气候变化**的能力更强。“森林”的**生物多样性**意味着这里有一个自然**生态系统**。

3. 野草奇迹

在铲掉杂草前，我们可能需要再考虑一下。没有经过人为栽培的野生植物对病虫害的抵抗力更强，也更容易在暴风雨、洪水这样一些由**全球变暖**而引起的自然灾害中存活。科学家们正致力于将我们的农作物与野生植物**杂交育种**，让其获得一些有用的遗传特征。

4. 垂直农场

农场通常建设在地面上，但是如果它们能向上延展呢？垂直农场能解决一些城镇农业用地有限的难题。在废弃工厂甚至公寓楼里，一层楼一层楼地种植农作物。在垂直农场里，水肥用量都可以精准控制——几乎不会有浪费。

5. 以鱼养苗

“养耕共生”听起来复杂，但其实原理非常简单。将鱼养在底层鱼池里，将含有它们排泄物的废水抽到上层的苗床，**细菌**会将鱼粪转化成植物所需的养分，废水经过植物根系过滤，又回到下层的鱼池。

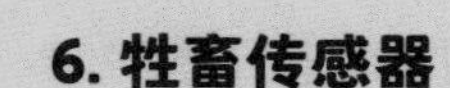

6. 牲畜传感器

从奶牛的项圈到鸡的脚环，可穿戴传感器可以监测农场里的动物的进食、睡眠和运动情况，甚至可以为它们测量体温。这让农户们能时刻掌握家畜的健康状况和行为状态。

7. 农业机器人

从播种到浇水，照料农场需要花费大量精力。幸运的是，机器人可以来帮忙。工程师们已经设计出能够巡逻农场并承担各种工作（比如摘草莓、种蔬菜）的机器人。除了不用睡觉，农业机器人还可以让耕作更加精准，减少用水浪费，避免杀虫剂滥用。

8. 绿色大厦

一眼望不到头的巨大温室大棚未来或许会遍布乡野。它就像一个大型热量收集器，诸如红薯、辣椒和甜瓜等植物在里面都能茁壮成长。在城市里，大型透明穹顶可以起到同样的作用，再配上**太阳能电池**和智能传感器，这就是未来的农场。

9. 种植星球

除了地球，火星是太阳系中最有可能适合人类居住的星球。科学家们正忙着模拟火星的环境，并想办法在这种环境下培育食物。到 2100 年，地球上的人口可能达到 110 亿，部分人类也许有机会选择去太空冒险，去那颗红色星球上建立新家园。想这么做，我们就必须知道如何才能在外星环境中种植食物！

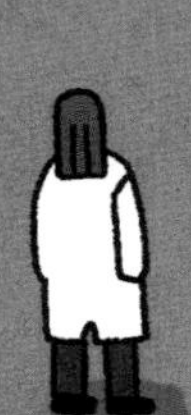

保护土地

地球上约 38% 的土地被我们用于农业。为了获得耕地，我们破坏了野生动植物的栖息地。这些栖息地能够吸收大气中的二氧化碳，净化空气和水，支撑地球的生物多样性。随着**气候变化**，越来越多的极端天气出现，如极端的高温和干旱，让土地日益贫瘠。所以我们从现在起就要保护土地。

面临的困难

人类需要食物，这就需要大量的土地耕种庄稼、养殖牲畜。大规模农业通常都是通过毁林开荒来获得土地。目前，在大多数情况下，土地一旦被开垦，就会被集中耕种——用大型机械和大量化学药品种植一种精选的作物，并清除掉那里的其他植物和昆虫。这种耕种方式会让土地逐渐退化，土壤中的养分流失，会破坏**生态系统**。

回归自然，重建生态

我们在研究如何利用更少的土地产出更多食物的同时，也要想办法让土地更“健康”。通过重建森林、红树林和湿地，我们可以为地球和地球上的动物做很多好事。恢复自然环境，让野生动物重新在其中自由生活，这一过程被称作“再野化”。在英国，科学家们将河狸放归乡野。因为他们发现，有这种啮齿动物生活的地方蛙卵数量明显增加，昆虫数量增加，植物生长繁茂。河狸建造的河狸坝还能清洁当地水域，降低洪水风险！比河狸体形更大的欧洲野牛也重新回到了罗马尼亚山区。它们在草原上漫步吃草的同时，也为其他植物生长清理出空间，它们的粪便散落大地也能为植物生长提供营养，传播植物的种子！

科学家们正在研究被埋藏在冻土中保存下来的猛犸尸体，提取它们的**DNA**，以便将来在实验室重现它们的某些基因。他们计划将这些基因与现存的猛犸近亲——亚洲象结合，创造出一种现代象和猛犸的杂交物种，也许它们会被称作“猛犸大象”。

猛犸任务

一些科学家甚至想将已经**灭绝**的猛犸复活，让这些冰河时代的巨兽重返北极冻原。宽广的北极地区从冰河时期就已经被冰封。但随着地球变暖，这里的**永久冻土**开始融化，常年冰封其中的动植物被解冻后慢慢腐烂，释放出**二氧化碳**和**甲烷**。这种情况下就需要猛犸出场。就像欧洲野牛那样，猛犸在冰原上四处溜达能撞倒乔木和灌木，从而有利于能够反射更多光线（也就能让北极地区更凉爽）的草本植物生长。同时，它们也会把积雪压实，让严冬极低的温度渗入永久冻土深处，让后者保持冰冻状态。

休息一会儿

我们等待着长毛猛犸的重生，农民们也在寻找修复土地、让贫瘠土壤恢复活力的新办法。除了让野生动物回归家园，还有一个帮助地上地下生物的办法——什么都不做。

适当偷偷懒

没有我们的干预，大自然也会自己想办法——而且通常会全盘接管。英国克奈普庄园的农场主决定将土地归还自然。经过积年的耕作，庄园的土地已经不再适合农作物生长或用作牧场，于是农场主决定让土地用自己的方式休养生息。不久后，大片的花草树木都回来了，还有游隼这样的珍稀鸟类也出现在了这里。猪和牛自在游荡，自由觅食，找到什么吃什么，农场主们几乎不用再做什么！实施这种稍微偷个懒的策略（为了土地好）并不需要太大范围的土地。如果你有一个花园，或许可以说服你的父母辟出一小块地方任它回归自然。

给地球一点空间

想让地球不受干涉地发展，还有一个办法就是人类大规模迁移——奔向太空！有一个流行的观点是，人类可以通过一对奥尼尔圆柱体进入太空。奥尼尔圆柱体是两根长约 32 千米、旋转方向相反的管状物体，两根管子分别与一个环状种植舱相连，看起来有点像两个巨大的自行车轮。这一地外定居装置需要高速旋转才能将其中的居民固定在内部地板上（因为它不存在任何让物体向下的**引力**）。让人类都搬迁到太空，地球的土地就获得了重生的时间。特别是我们脚下的土地，它需要在长期耕种后得到休整……

拯救土壤

在地表之下，土壤里充满生机。1 克土壤中有数十亿的微生物，比如**细菌**、病毒和**真菌**。这些微小生命以及像蠕虫、蚂蚁等更大一些的土壤生物，使土壤成为万物生长的绝佳基地。我们 95% 的食物也都是从土壤中生长出来的！

问题是，耕作和养殖会破坏甚至摧毁土壤**生态系统**。如果土壤状态不佳，便很难保持水分，为植物提供营养，植物也就难以生长。要监测土壤的健康状况，农民们可以利用太空中的卫星进行预警，比如检测土壤的干湿程度。在地面上，人们可以利用传感器测试土壤的酸碱度、质地及温度。这些信息可以在特定的土壤监测软件上查询，便于人们掌握全球农业情况。

1 垃圾吞食兽

2 环保餐食

3 海洋滤网

4 海水电灯

5 时尚泳装

休闲海滩

炎炎夏日就该到海滩度假。阳光、大海、沙滩……往往还有很多垃圾！但我们有很多方式可以清理海滩，保护海洋生物。从垃圾吞食兽到用瓶子建造的房子，环顾一下沙滩，我们开始做海洋生态卫士吧！

⑥ 人工沙　⑦ 良网计划　⑧ 召唤所有生物　⑨ 搜索塑料微珠

2. 环保餐食

在这份主打生物科技的烧烤菜单上，有实验室培育的羊肉汉堡、蝗虫鸡腿、蘑菇香肠和许多可口的蔬菜，美味又环保。

1. 垃圾吞食兽

天才发明家设计了“垃圾吞食兽”来清理港口漂浮的垃圾。它靠水流和**太阳能电池**提供动力，它口中转动的齿轮会将垃圾送到传送带上，垃圾被滤掉水分后，在皮带的带动下掉进后面的垃圾桶中。

3. 海洋滤网

牡蛎能净化海洋。这些神奇的软体动物以**浮游植物**为食，通过鳃过滤海水，滤出浮游植物，同时吸附可怕的化学物质和其他污染物。所以，水中的牡蛎就像海洋滤网一样。

4. 海水电灯

一位名叫爱莎·梅吉诺的工程师发明了用海水发电的灯——将海水加入灯的底部灯便会亮起。她曾看到在菲律宾很多人还用不上电，只能使用油灯，有严重的火灾隐患。于是她找到了另一种可以用于照明的东西——海水。

5. 时尚泳装

在乌贼用于捕食猎物的触手吸盘上，有一圈锋利的锯齿，由被称作“吸盘素”的蛋白质组成。科学家们已经可以将吸盘素转化成结实的弹性材料，这种材料是制作泳衣的绝佳材料。乌贼吸盘撕伤后可以自愈，而且吸盘素现在已经可以在实验室合成，所以这个过程中不会有乌贼受伤害。

6. 人工沙

不只沙滩有沙子，墙壁、窗户甚至道路上都有。我们对沙子使用量巨大，用掉的沙子建数千座大城堡都绰绰有余。一种可以吞进玻璃瓶的机器能够把玻璃粉碎，造出人工沙。这样既能节约天然沙，又可以回收利用旧玻璃瓶，保护环境。

废旧轮胎的橡胶也可以制成排球。

7. 良网计划

每年超过 60 万吨渔具被扔进海里。动物们经常被渔网困住，于是一个名为“良网计划”（Good Net Project）的项目正在收集废弃渔网，将它们改头换面，制成新的排球网！

8. 召唤所有生物

随着**气候变化**让海洋温度升高，与珊瑚共生的海藻会逐渐减少，导致珊瑚变白直至死去，这就是**珊瑚白化**。大量生活在珊瑚礁里的生物因珊瑚白化被迫抛弃家园。为了引诱生物返回澳大利亚大堡礁已经死亡的珊瑚中，科学家们用防水扬声器播放健康珊瑚礁才会有的声音。鱼虾活动的声音吸引了很多小动物回归，科学家们希望这能有助于珊瑚的恢复。

大堡礁是世界上最大的珊瑚礁生态系统，是 1500 多种鱼类的家园。

珊瑚看起来像是水下灌木丛，但它们其实是动物，是由一个个珊瑚虫分泌的外壳组成的。

9. 搜索塑料微珠

塑料微珠的尺寸不超过 5 毫米，似乎很不起眼，但数百万个微小颗粒进入大海就成了海洋生物的麻烦。12 岁的工程师杜安娜很有想法，她想出一个解决方案。她做了一个水下机器人，用来寻找塑料微珠。利用传感器和软件算法，机器人在水下四处游荡，通过红外线来识别塑料微珠，这样总有一天人们能够将它们收集起来进行研究。

俭以防匮

人类有乱扔东西的坏习惯。从空水瓶到破洞的旧袜子，各种各样的垃圾进入了海洋。我们得想办法将废物回收再利用，而不是等垃圾塞满地球。首先我们要关注的就是塑料。

面临的困难

塑料，给我们带来了前所未有的巨大难题。自从塑料被发明出来，人类已经制造了超过 60 亿吨的塑料垃圾。这些塑料垃圾足以建造 1000 座吉萨大金字塔！但你是否想过，这些被丢弃的塑料都去哪了呢？科学家研究指出，我们只对 9% 的塑料垃圾进行了回收，其余的大都被送去进行填埋、焚烧，还有些被送往比较贫困的国家的垃圾场！没人想要塑料垃圾金字塔，所以我们得将它们回收利用。

塑料瓶屋

找些旧塑料瓶，全部装满沙土，竖起来，用泥浆甚至牛粪将这些瓶子黏合，你就可以用它们来造一座房子了。沙土填充的塑料瓶比传统砖块更便宜、更坚固。另外，它们还有极好的隔热性，在阳光炽热的时候能保持屋内凉爽。塑料瓶屋已经在尼日利亚等国投入使用。

纸尿布屋顶

小婴儿无法自己去厕所排便，每天都得用掉数片纸尿布，用过的纸尿布通常都被直接扔进垃圾桶，但其实它们可以成为屋顶的瓦片！专门的回收工厂收集废弃纸尿布后，会首先清除上面的废物，然后将其清洗切碎，进行干燥处理，与各种材料混合，就能变成制作瓦片的材料。

新型衣料

回收塑料除了用来盖房，还可以用来制作衣服。时尚潮流变化太快，大量衣服被我们丢弃。而许多衣料都是以塑料为原料，这让塑料难题更加难以解决。为了不制造越来越多对地球有害的衣料，我们可以变废为宝，用回收材料制作环保时装。

瓶子变泳装

首先要将回收的塑料洗净、切碎，然后将这些小碎片熔化，制成塑料小球。之后塑料小球会再次被熔化，纺织成线，最后制成各种衣物。穿着用回收的塑料瓶制成的泳装去海边，一天结束，让塑料跟着我们一起离开大海！回收塑料也能变成鞋子、包包，甚至是冬装外套的内衬，让人在冰天雪地里保持温暖。

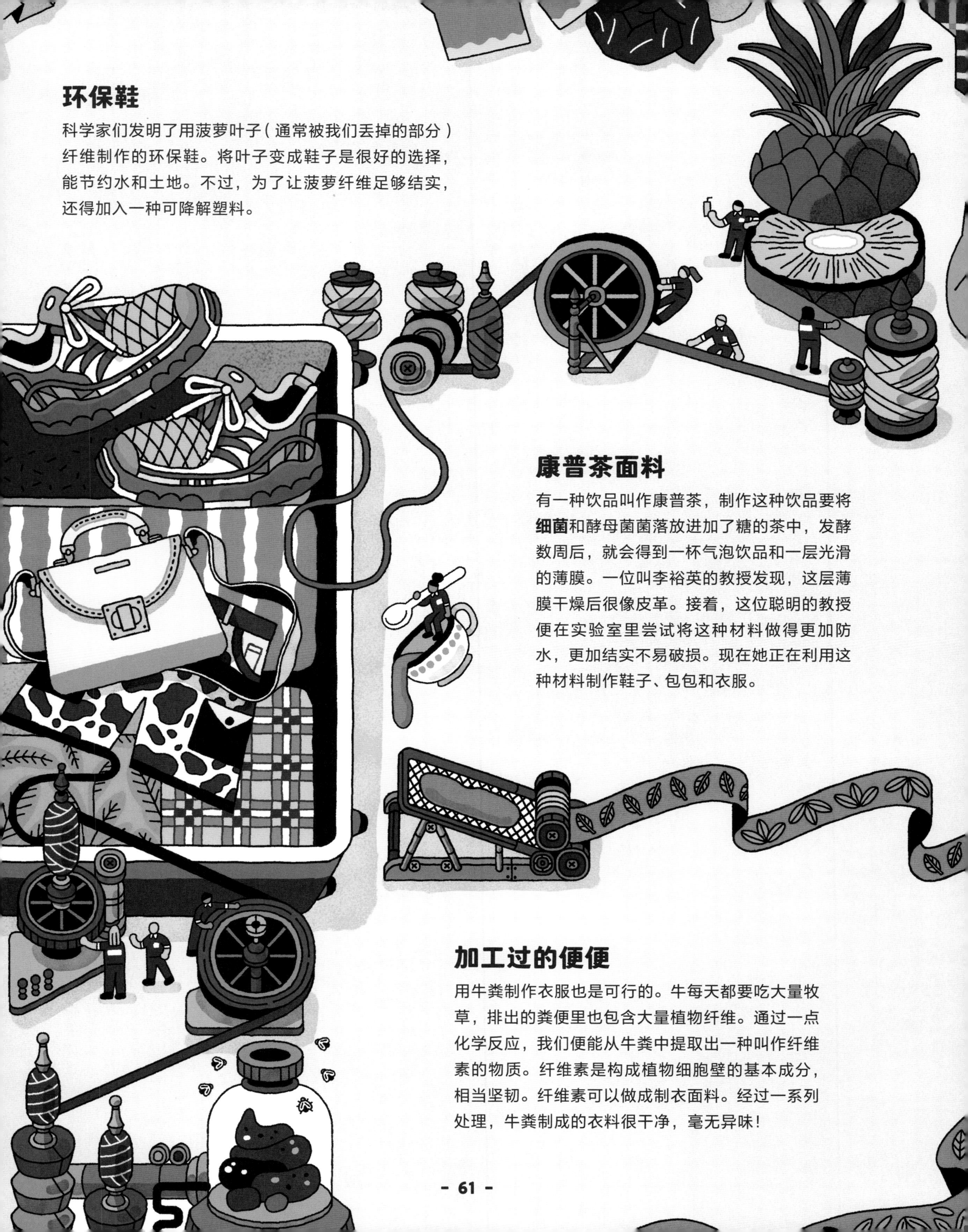

环保鞋

科学家们发明了用菠萝叶子（通常被我们丢掉的部分）纤维制作的环保鞋。将叶子变成鞋子是很好的选择，能节约水和土地。不过，为了让菠萝纤维足够结实，还得加入一种可降解塑料。

康普茶面料

有一种饮品叫作康普茶，制作这种饮品要将**细菌**和酵母菌菌落放进加了糖的茶中，发酵数周后，就会得到一杯气泡饮品和一层光滑的薄膜。一位叫李裕英的教授发现，这层薄膜干燥后很像皮革。接着，这位聪明的教授便在实验室里尝试将这种材料做得更加防水，更加结实不易破损。现在她正在利用这种材料制作鞋子、包包和衣服。

加工过的便便

用牛粪制作衣服也是可行的。牛每天都要吃大量牧草，排出的粪便里也包含大量植物纤维。通过一点化学反应，我们便能从牛粪中提取出一种叫作纤维素的物质。纤维素是构成植物细胞壁的基本成分，相当坚韧。纤维素可以做成制衣面料。经过一系列处理，牛粪制成的衣料很干净，毫无异味！

① 荧光素照明　② 细菌供电　③ 甜蜜能源　④ 闪烁的绿光

创意家居

有了各种绿色环保的居家小物件，我们在家也能减小全球变暖和气候变化的影响。消耗更少的能源，用新型材料建造，以居民的快乐为本，我们的住所可能成为我们美好环保生活的完美起点……

5 一起来饲虫　6 无人机快递　7 床垫种植　8 虾壳包装　9 科学软件

1. 荧光素照明

深海章鱼吸盘上的**细菌**可以照亮我们的家！将这种细菌放入吊灯，当它们与**氧气**接触，内部就会产生荧光素，发出光亮。想要开灯，只需要轻轻拍拍吊灯，晃一晃它，让氧气与细菌相遇，灯就亮了。

从水母到乌贼，有多达 75% 的海洋生物能发光！

2. 细菌供电

科学家们已经在我们的肠道和酸奶中发现了可以发电的**细菌**。其实，导致腹泻的细菌和导致坏疽（一种身体局部组织坏死的症状）的细菌也能做到！将来，我们也许能够利用这些微生物为音箱供电。

虽然外表各异，但所有人类的基因约有 99.9% 的相似度。科学家们还发现我们有部分基因与香蕉相似！

3. 甜蜜能源

比起小饼干，蜂鸟更爱花蜜！从人类到蚂蚁和蜂鸟，美味的糖是所有生物的**能量**之源。葡萄糖生物燃料电池模拟生物从甜食中获得能量的方式，为电力设备供电。

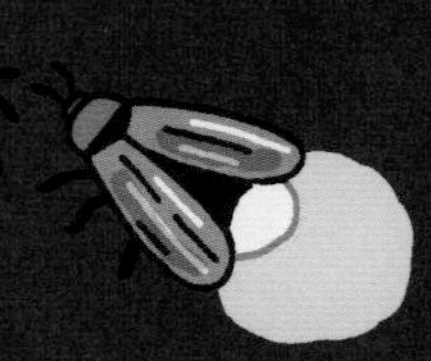

4. 闪烁的绿光

你见过微光闪烁的萤火虫吗？这些令人惊叹的动物能产生荧光素，发出光亮。通过改造植物**基因**，科学家们试图让植物的叶子产生荧光素！这些发光的植物可以照亮你的客厅——无须用电。

5. 一起来饲虫

蚯蚓也许不能成为最受欢迎的宠物，但是它们可是处理厨余垃圾（比如烂菜叶子、不新鲜的水果以及蛋壳）的能手。将它们存入一个两层容器——上层盛放蚯蚓和厨余垃圾，下层则用来盛装流出的液体，你就拥有了一个防止浪费的蚯蚓箱。

种植那些被我们浪费的食物，所需的土地比中国还要大。

在欧洲，每人每年会浪费超过 170 千克的食物，但是生活在撒哈拉以南非洲地区的人们只会浪费约 10 千克。

6. 无人机快递

未来，**无人机**快递服务可以将包裹送上门。比起还要开过蜿蜒曲折道路的货车，直接从店铺取货后起飞的无人机更节约**能量**。但是首先我们得确保它们不会给鸟儿造成困扰，不会撞上建筑物，并且能胜任各种天气条件下的工作。

7. 床垫种植

科学家们正在研究如何用旧床垫代替土壤种植蔬菜。将泡沫床垫浸入含有植物生长所需的营养物质的水中，它们就能让种子成功发芽。每年有无数张床垫被丢弃，将它们放到土壤贫瘠的地方，用这样的方式重新利用起来，可比随便丢弃在垃圾填埋场要绿色环保得多。

8. 虾壳包装

有时候，货物的包装一层又一层。虽然这样能够防止货物损坏，但要用掉大量塑料，最终产生大量的垃圾。对此，海洋生物可以给我们提供一套环保的方案。虾和蟹的壳都含有一种被称作甲壳素的物质，可以做成**可生物降解**的包装材料。

9. 科学软件

科学家们有时需要进行复杂的运算，即便是世界上最强大的电脑也得花上数月才能完成。想要为此出一份力，我们可以在家中的电脑上运行特殊的软件。这个软件会在我们发邮件、打游戏以及查看社交媒体时在后台运行，解决部分科学家所需的运算，这样我们就能不费吹灰之力地帮助解决世界性难题。

创新居所

随着气候变化，我们的家不但需要为我们提供冬暖夏凉的环境，还得能够应对更加极端的天气事件，如洪水和暴风雪。而随着人口增加，我们还必须建造新的环保居所，发明先进的环保材料。但是首先需要解决的问题是：人们该去哪里居住？

面临的困难

目前，地球上每年增长约 8000 万人口，但是**全球变暖**正让一些地方变得不适合人类居住。根据一些科学家的推测，到 2100 年，全球干旱地区将会大幅度扩大，极度干旱的地方几乎没有水，地里长不出庄稼。城市人口已经饱和，城市扩张会破坏附近生态。那么我们能去哪里呢？为了人人都有居所，我们需要开拓思维，在陌生的环境中建立社区。

新型海上文明

将来，我们也许会住进海上城市。这种海上城市由多个固定在海底的相互连接的漂浮平台组成。住房、商店，甚至公园则被安置在不同平台上，平台下方可以设置水下教室和渔场。漂浮的海上城市可以使用太阳能、波浪能和风能。开始我们的两栖生活之前，还有一些技术难题要攻克。海上城市需要在海上风暴来袭时保持平稳，避免让居民眩晕想吐。这就意味着海上居所可能需要系泊在海浪没那么大的近岸水域。

有一些研究表明，即使人类现在马上就能大大降低碳排放量，到 2100 年，**气候变化**仍然可能会导致海平面上升 50 厘米左右。而如果我们不对温室气体排放加以控制，那时海平面可能会上升 1 米。目前有上亿人居住在海拔 1 米以下地区。为了避免被水淹没，城市需要重新设计防洪系统。

深入地下

如果你怕晕船，还有其他很多人类能够尝试居住的地方，比如地下。不用担心，我们不会像鼹鼠一样挤在黑暗的地道中。想象一下，一幢深入地下的超高层建筑——“摩地大楼”，里面会有宽敞的房间和通风竖井让上方的空气和光线进入。除了对空间的有效利用，地下也冬暖夏凉，十分舒适，不需要高能耗的空调系统。“摩地大楼”在**龙卷风**和风暴多发地区尤为适用。

在芬兰首都赫尔辛基有一个地堡，里面有泳池、溜冰场和体育场。

舒适家居

除了寻找新家园，我们还得建造更加智能的建筑，创造能够抵挡气候变化的环保家园。其中首要的就是设计出不用大量空调或暖气就能保持室内温度宜人的住宅。

像白蚁一样生活

白蚁也是科学家的灵感来源，这多少让人有些意外。在地球上炎热的地方，白蚁会在烈日下筑起巨大的土堆。为了保持巢穴通风凉爽，它们会建造复杂如迷宫的地道和通风口。这些通道能让冷暖空气循环起来，让蚁穴像一个巨肺一样吸吐空气。将这些小家伙的巧思运用到人类建筑中，可以减少使用耗能巨大的空调。事实上，津巴布韦的一个购物中心已经用上了这一设计来保持通风，让游客凉爽。

细菌砖

我们不仅要考虑如何建房，还得考虑用什么材料来建。除了水，混凝土是地球上使用最为广泛的建筑材料，但其生产过程会产生大量的**二氧化碳**。每年我们会生产数十亿吨混凝土，而仅仅生产其中的一种原料——水泥，所产生的二氧化碳就占了全球二氧化碳排放量的 8%。

混凝土大概是我们目前所用的最好的建筑材料，但是未来会有更加绿色环保的材料取代它。科学家们正在研究用一种特殊的**细菌**来培育砖块。要实现它，就在这种细菌里混入沙子、营养物质和水。细菌吞噬营养物质后，会将沙子牢牢地黏合在一起，这样便制成了一块细菌砖！

真菌砖

另一个获取建材的方法是用**真菌**。将真菌与有机废料混合，装进砖模里。真菌吞噬有机废料后会长出交织缠绕的菌丝。将两块真菌砖放在一起，菌丝会迅速将它们黏合，从而形成结实的建材。真菌砖建筑尚不成熟，但潜力巨大。美国航空航天局认为真菌砖非常适合在遥远的外星球定居使用。具体方案是在设置好的建筑框架上加一些水，让真菌沿着它生长，从而修建适宜人类居住的建筑！

海绵城市

科学家推测，**气候变化**会导致越来越多的极端天气事件发生，包括高温、暴风雨和山洪。为了应对日益多发的暴雨，城市需要变成“吸水海绵”。长满草的花园、被植物包裹的屋顶，以及多孔的路面，能让城市中的雨水进入地下管道，并存储起来以备干旱时使用。沿着海岸线生长的红树林是非常好的天然防浪屏障。红树林由树林和灌木丛组成，水下有缠结的发达根系，会吸收大海翻涌的激浪。在斐济，当地居民已经开始沿着他们所居住的岛屿边缘重新种植红树林，以应对上升的水平面和频发的暴风雨。

1 太空电梯　　2 地球之外　　3 巨型龙卷风　　4 微型垃圾

未来畅想

针对诸如极端天气事件和生物多样性丧失这样的严峻问题需要宏观的解决方案，我们也需要一些富有想象力、开创性甚至古怪的点子来解决危机，保护我们的地球。即便这些点子目前看起来可能怪异激进，也许 30 年后它们就能给这个世界带来颠覆性的变化。毕竟，在 30 年前，谁又能想到如今我们能够将微型电脑（智能手机）揣进口袋随身携带呢？

5 纳米机器人

6 珊瑚专属云

7 拯救种子

8 奇妙的动物世界

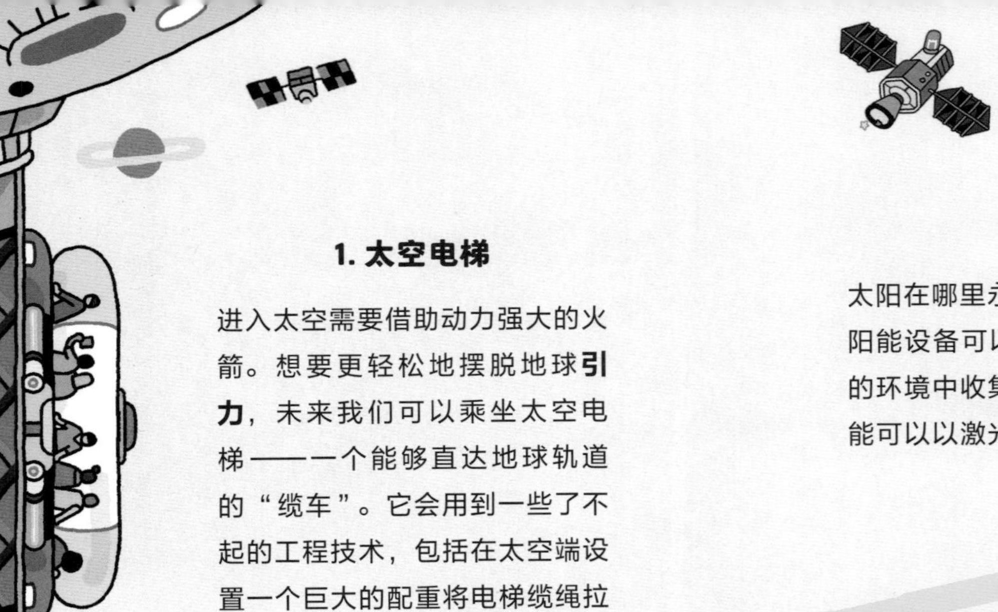

1. 太空电梯

进入太空需要借助动力强大的火箭。想要更轻松地摆脱地球**引力**，未来我们可以乘坐太空电梯——一个能够直达地球轨道的“缆车”。它会用到一些了不起的工程技术，包括在太空端设置一个巨大的配重将电梯缆绳拉紧。目前还没有足够强韧的材料能胜任这项任务。一些科学家建议将太空电梯直接悬在月球上！

2. 地球之外

太阳在哪里永远闪耀？当然是太空！天基太阳能设备可以在没有云层、灰尘和气体阻隔的环境中收集太阳光并将其转化为电能。电能可以以激光或微波的形式传回地球。

3. 巨型龙卷风

你肯定不想在野外遭遇一场搅动天地的**龙卷风**，但是如果我们能够利用它那不可思议的强大能量呢？工程师们正在尝试制造可控的龙卷风。未来，他们希望利用工厂排出的余热加热空气，生成旋涡，带动涡轮机发电。

4. 微型垃圾

要在大海中搜寻**塑料微珠**我们可以用油和磁粉（碎磁铁）。向海里倒油，这听起来不像什么好主意，但油会吸附塑料并将它们粘在一起。油和磁粉混合可以形成磁性液体，用它把塑料微粒吸附在一起，再大块磁铁就能收集！不过这项技术还处在实验室测试阶段，想安全地将油倒入海洋还有大量工作要做。

大海中有超过 50 万亿的塑料微珠——这是我们银河系中恒星数量的 500 倍！

爱尔兰青年芬恩·费雷拉在划皮划艇出海的时候发现很多被微小塑料覆盖的石头，于是萌生了用磁铁捕获塑料微珠的想法。

5. 纳米机器人

想象一下那种小到可以在人体内畅游或者从空气中抓取污染微珠的机器人。科学家们正在设计只有这页纸厚度的万分之一大小的微型机器人。它们被称为纳米机器人。虽然距离设计出功能齐全的机器人，我们还有很长一段路要走，但也许将来某一天它们就会出现在我们身边，为我们的身体和环境健康保驾护航。

地球轨道上飘浮着超过 1.28 亿片垃圾，从破损的卫星到旧的火箭碎片。为了清理这些垃圾，科学家们正在研发未来的空间抓夹、网和叉子。

6. 珊瑚专属云

随着海洋变暖，珊瑚礁正在变白、死亡。科学家们正在努力让珊瑚保持凉爽——向礁体上方的空气喷洒海水微珠。随着水汽蒸发，细小的盐晶体混入低空云层，使云层变大，为珊瑚提供更多遮挡。

7. 拯救种子

在一个距格陵兰岛不远的挪威小岛上，有一个奇怪的建筑从雪中伸出，里面存储了世界各地的数百万颗种子。这么做是为了防止植物遭到自然或人为的毁灭性破坏。如果庄稼全部死去，只要有种子就能再次播种，植物也就不会**灭绝**。

8. 奇妙的动物世界

有一种保护地球的观点是将半个地球变成大型自然保护区，让 50% 的地球回归自然状态。我们可以从尚未被人类破坏的地方开始，再在当地人的帮助下慢慢扩大保护范围。然后，再让这些区域连成片，形成巨大的自然保护区，让动物自由活动。这意味着我们很多人要习惯更加亲近自然，反哺自然。

立足未来

科学家们预测到 2100 年全球平均温度很可能上升至少 2℃，最高可达 5℃。如果人为控制**化石燃料**的消耗、树木的砍伐以及塑料的使用，我们可以让**气候变化**速度放缓，拯救地球上许多栖息地。如果我们继续如今的行为不做改变，我们将面临严重后果。所以我们最好开始认真规划如何保护地球。

面临的困难

我们很难预言地球未来的面貌。但我们已经可以肯定，未来的地球将成为一个充满挑战的居住地。幸运的是，正如你在这本书中看到的，我们可以做很多事情来减缓这些变化，确保地球在未来多年还能庇佑生命。同时，人们也在思考如何为不确定的未来做准备，为最坏的情况做准备。

当人类侵犯自然，比如为了发展农业开垦土地时，我们就会接触到可以从动物传染给人类的新型病毒和细菌，这些病毒和细菌引起的疾病被称为动物源性传染病。我们对生态系统的破坏和对动物栖息地的侵占越严重，感染可怕疾病的可能性就越大。

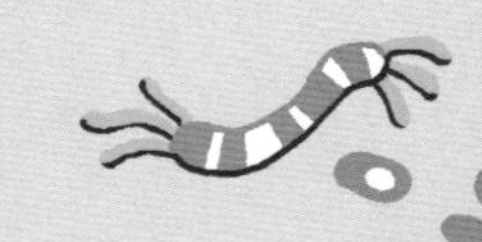

进入地堡

隐藏在绝密地点的“末日地堡”，看起来就像个混凝土小屋。它们深入地下，装满了一切人类生存的必需品，包括水、食物、农作物种子和舒服的床铺。建这些地堡的目的是躲避地面上的灾难（比如极端天气事件或全球蔓延的疾病）直到危机解除。地堡通常还奢华地配备了影院甚至泳池。问题是，这样的庇护所只能容纳少数人，这对其他人非常不公平！

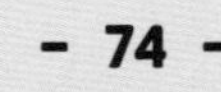

太空竞赛家园

我们也可以逃离地球飞向太空。我们可以生活在一艘大型宇宙飞船里，也可以在新的星球上定居，唯一的难题是：太阳系的星球都不适合人类生存，其中相对可能实现这个愿望的星球是火星。那里每天的时间比地球多出 37 分钟，表面平均温度为 -63℃。与我们的近邻水星和金星相比，这颗红色星球和地球环境更加接近。然而，火星表面没有液态水和氧气，人类依旧需要建设能够产生空气、水和食物的维生基地。这就值得我们思考：到底为什么去火星？如果我们知道要如何建造这些维生基地，在地球上建造不是简单、经济、安全得多？

大伞底下好乘凉

与其把人类送入太空，不如试试建个天棚。在太阳和地球之间放置一个巨大的反光装置，在阳光抵达地球前转移部分光线（也就转移了热量）。直接将一把巨型“遮阳伞”送入太空难度太大，但有更可行的办法，那就是往离地球 160 万千米的太空发射数万亿颗小型航天器，组成一个约 10 万千米长的云影。每个航天器都用透明薄玻璃制成，可以向各个方向反射光线，重量比一只蝴蝶还轻。不过，需要至少 10 年的时间才能将它们全部送入轨道，同时还要花费几万亿英镑。现实些，有这些钱还不如用来修复地表环境！

我能做什么？

未来不一定会出现最坏的情况，也可能会出现最好的情况！这本书里提到大量科学家和工程师正在研究的新方案，但是你能做些什么呢？有一些你力所能及的事能够推动环保事业的发展，让世界变得更清洁、更环保。不过你做这些事情的时候，一定要有大人的陪伴和帮助。

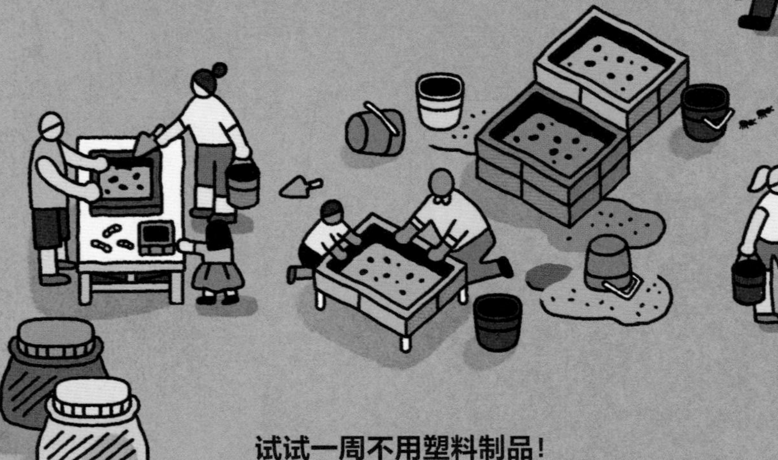

做一个自己的蚯蚓箱。

找一个大塑料箱子，在底部挖洞（这一步可以请大人帮忙），垫上报纸或纸板，防止蚯蚓漏出来。把箱子放在砖块上架空便于透气，再在箱子下方放一个托盘接漏液，最后将沙土和蚯蚓放进箱子！这样，厨余垃圾就可以放进蚯蚓箱喂蚯蚓，而不用扔进垃圾桶了。

试试一周不用塑料制品！

下次跟爸爸妈妈一起去买菜，看看你能不能找到不用塑料包装的物品。

与朋友交换衣物。

请大家带上各自的旧 T 恤、牛仔裤和套头衫，彼此交换，这样地球不受任何损害，你又有了新衣服！

回收雨水。

用桶收集雨水，用雨水浇花，而不用自来水。

尝尝虫子零食。

别到花园找鼻涕虫了，问问身边的大人，让他帮你在网上或者专门小店找找好吃的椒盐蝗虫或巧克力蝗虫。

变废为美。

那些通常被你直接丢弃的垃圾还能用来做什么？不如用塑料瓶做一个饲鸟器，或者用易拉罐种点小盆栽吧！

试试环保身体护理。

将一些咖啡渣、椰子油和砂糖混合，就得到了环保的身体磨砂膏。

回收利用

谈论气候变化。

与朋友、家人和老师分享你掌握的关于气候变化的知识。你也可以在你生活的社区组织活动，宣传气候知识，传播相关信息。越多的人了解、谈论我们的地球问题，我们越有可能做出积极的改变！

加入环保小组。

只有大家一起行动，才可能有真正的大变化！你可以和你的朋友一起组建环保小组，学习和传播环保知识。

未来可期

我们还有很多聪明的、疯狂的爱护环境的方法和发明。这本书里提到的创新发明仅仅是科学家们所从事的了不起的项目中的极少部分。未来一定还会有更多充满想象力的发明，让我们的生活更加绿色环保。想让人人都接受这些想法和创新肯定是个挑战，但接受可持续的新生活方式会帮助我们解决**气候变化**的难题。最重要的是，你从现在起就能为让世界变得更美好而出一份力，任何行动都不算小！也许有一天你会成为一名发明家、环保主义者、社会活动家、工程师、农场主或建筑师，引领大家走向光明且舒适的未来！

术语表

波长：波的波峰或波谷间的距离。紫外线和红外线这样的辐射以波的形式传播，携带能量。波长越短，波所携带的能量越大。

大气：环绕在地球周围的空气。

DNA：一种细胞内的物质，负责储存、复制和传递遗传信息。

电动汽车：由电力驱动而非由汽油或柴油等燃油驱动的汽车。

二氧化碳：一种温室气体。每个二氧化碳分子由 1 个碳原子和 2 个氧原子构成，化学式为 CO_2——C 代表碳元素，O 代表氧元素，数字 2 表明一个二氧化碳分子里有 2 个氧原子。

仿生学：学习和模仿自然界中的生物来解决人类难题的学科。

风力发电机：顶端安装涡轮机叶片的设备，涡轮机叶片遇风会旋转并产生电能。

浮游植物：通过光合作用制造有机物的水生微小藻类。

国际空间站（ISS）：一种用于科学实验的绕地运行宇宙飞行器。

氦气：一种比我们周围空气轻的气体，可以用来充气球。

核聚变：两个或多个原子核在特定条件下生成更大的原子核，并释放能量的反应。

红外线：人类肉眼不可见（除非戴上特制眼镜），但能感受到它带来的热量。

化石燃料：从地下开采的不可再生能源，由千百万年前腐烂的植物和其他有机物（如藻类和浮游生物）形成。三种主要的化石燃料是煤、石油和天然气。

基因：决定我们个人特征（如头发或眼睛颜色）的 DNA 片段。

甲烷：一种温室气体，每个甲烷分子由 1 个碳原子和 4 个氢原子构成。

菌丝：真菌的一部分，细丝状结构。

可生物降解：能够被生物（如细菌）的生命活动过程分解。

空气污染：某些物质被排入大气中，危害了人类健康或环境的现象。

离心机：一种可以让物体在里面高速旋转的机器。

龙卷风：一种高速旋转的风暴，从空中的积雨云伸向地面。

灭绝：某种植物或动物最后一个个体死亡，该物种完全消失。

能量：改变物质性质或运动状态的能力。能量可以从一种形式转化为另一种形式，但不能被创造或消灭。能量可以分为机械能、热能、光能、电磁能、化学能，等等。

气候变化：全球气候模式的长期变化。

氢元素：宇宙中最多的元素。地球上氢元素通常以氢气形式存在，氢气是一种非常易燃的无色气体。

全球变暖：由温室气体导致全球气温升高的现象。

全息图：用光生成的三维立体图像。

热泵：一种可以将热量从一处转移到另一处的装置。

热能：热力系统处于平衡时的内能。

人工智能（AI）：当机器具备人工智能时，它们能够执行通常需要人类智慧才能完成的任务，例如独立解决难题。

珊瑚白化：与珊瑚共生的五颜六色的海藻减少后，珊瑚变白的现象。

生态系统：生物与其生存环境共同组成的系统。

生物多样性：一个区域内的各种生物的丰富程度。

生物降解器：一种装置，内部有数百万细菌，能分解食物、人畜粪便，产生含有甲烷、二氧化碳等成分的可以作为燃料的混合气体。

授粉：植物花粉从雄蕊传到雌蕊的过程。有时也可以发生在不同植物间。授粉后植物才能结出种子。

塑料微珠：长度小于 5 毫米的塑料碎片。

算法：逐步解决某类问题或执行某种操作的一组指令，通常由计算机执行。

太阳能电池：吸收太阳光并将其转化为电能的装置。

碳足迹：直接或间接支持人类活动所产生的二氧化碳及其他温室气体的总量。

微生物：借助显微镜才能看到的微型生物。

温室气体：大气中捕捉来自太阳或地球表面热量的气体。

无人机：无人驾驶的飞行器。

雾霾：雾和霾的统称。指的是机动车排放的尾气或烟尘等物质严重污染的空气。

细菌：几乎在地球上任何角落都能发现的单细胞微生物。

压电材料：受到挤压或拉伸就能产生电压的材料。

氧气：我们呼吸的气体，占大气的 21%。

引力：有质量的物体（如苹果、人体和行星）相互吸引的力。我们之所以没有飘上太空就是因为我们被地球的引力朝地心吸引。

永久冻土：处于完全冰冻状态至少两年的土地，通常在地球两极附近。

幼虫：卵孵化后到成为成虫前的一个生命阶段。比如，毛毛虫就是蝴蝶或飞蛾的幼虫。

原子：构成宇宙中所有物质的基本单位，由三部分构成——聚集在原子核中的质子和中子，以及环绕原子核运行的电子。

原子核：原子的核心，由质子和中子组成。

杂交育种：将不同种类的植物或动物杂交，以培育保留了特定遗传特征（比如更大的叶片或更蓬松的毛发）后代的育种方法。

藻类：种类繁杂的生物，从池塘中的绿藻到巨藻，它们都通过光合作用合成养料。与植物不同，藻类没有根、茎、叶，很多生活在水域中。

增强现实技术（AR）：将真实世界与虚拟世界中的文字、图片或声音等额外信息集成在一起的技术。

真菌：包括蘑菇、霉菌和酵母在内的生物，从周围环境中吸收养分，大小从微观到数米不等。

蒸发：物质从液体状态变成气体状态的过程。

紫外线：波长短于可见光的电磁辐射，也存在于阳光里。人类看不见紫外线，但它会灼伤我们的皮肤，所以我们需要涂抹防晒霜。